酒と器のはなし

佐藤伸雄

海鳥社

本扉画▼歌川国芳筆『大酒ノ大会』（国立歴史民俗博物館蔵）

酒と器のはなし◉目次

酒と器の密接な関係

日本酒に流れる時間

毎年正月が来ると、屠蘇をいただきながら、今年の酒はいかがなものかと思いをめぐらし、とくに寒の厳しい年などは、なぜか嬉しくなるのです。

このように言うと、よほどの酒飲みかと思われるでしょうが、そうではなく、チビリチビリの日本酒愛好家です。新酒がおいしいと一年中幸せな気分になるのは、日本酒党ならば誰でも同じでしょう。寒づくりの新酒ができる二月の蔵開きが、とても待ち遠しいものです。

現在のように寒づくりの新酒が定着してきたのは江戸時代後半のことらしく、それ以前は真夏以外、ほぼ年中仕込んでいました。寒酒の前が寒前酒で、後は春酒といって、いろいろな種類の酒がありました。

寒い時期には発酵に時間がかかり大変な作業となりますが、その分雑菌の繁殖が抑えられるため、品質の良い酒ができるのです。寒仕込みの南限にある九州では暖冬が敵です。ですから、九州に住む私にとって、寒の厳しい冬はとても楽しみなのです。

酒づくりの工程は、まず玄米を精米・洗米したものを浸漬して蒸し米にします。蒸し米は麹づくりと酵母づくりにも使われます。その後、酵母を培養した酒母に蒸し米、麹、水を樽（ホーロータンク）に仕込んで発酵させます。その仕込みを、初添え、仲添え、留添えと三回に分けて行うので、多段仕込み（三段仕込み）と呼ばれています。この仕込み方法は室町時代末ごろに確立された技術です。

現在の日本酒の醸造法が確立された室町時代末期には、すでに原料の米を精製することも考えられており、精米が酒の品質を良くすることを理解していました。しかし、技術が伴わず、なかなか酒質の向上にはつながらなかったのです。精米歩合が驚異的に向上したのは、竪型精米機が導入された昭和の初期です。

そして精米競争の行き着いた先が、「吟醸酒」です。これは、玄米を六〇％以下に精米し、ほとんど米の芯だけを原料にして低温発酵させ、丁寧につくられた酒です。ここまで辿り着くのに大変長い年月を必要としましたし、それを完成させるためには、あらゆる産業が発達する時間が必要だったのです。

伝統を受け継ぐ酒蔵

現在、日本各地で行われている蔵元の蔵開きは、大勢の人で賑わいます。人気の理由は、日本酒ファンが増えて

酒づくり工程の概要

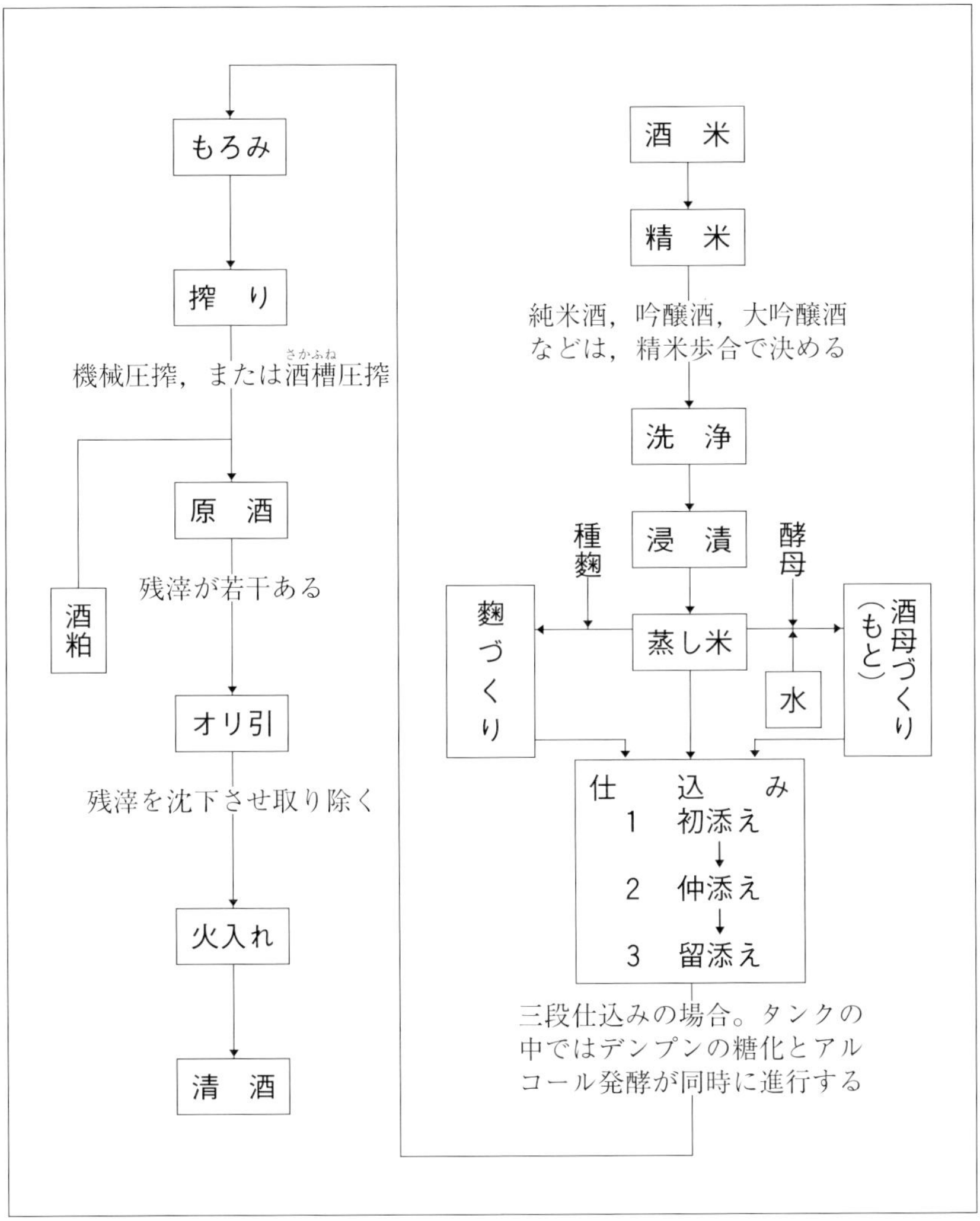
酒　米
精　米
純米酒，吟醸酒，大吟醸酒
などは，精米歩合で決める
洗　浄
浸　漬
種麹
酵母
麹づくり
蒸し米
水
酒母（もと）づくり
仕　込　み
1　初添え
2　仲添え
3　留添え
三段仕込みの場合。タンクの
中ではデンプンの糖化とアル
コール発酵が同時に進行する
もろみ
搾　り
機械圧搾，または酒槽《さかふね》圧搾
原　酒
残滓が若干ある
酒粕
オリ引
残滓を沈下させ取り除く
火入れ
清　酒

きていることもあるのでしょうが、伝統を受け継いできた場所という酒蔵のイメージもあるようです。時間が止まったような場所に身を置きたい、そんな思いがあるのではないでしょうか。実際、酒蔵の中の雰囲気は、一昔前に帰ったような落ち着きを感じさせるものです。

酒蔵見学での楽しみは、酒づくりの現場に入れることです。まず、造り酒屋の象徴・杉玉に迎えられて入っていきますが、敷居をまたいだ途端、気分は別世界、凛とした空気に身が引き締まる思いがします。それもそのはず、酒蔵は建屋内に存在するすべてが酒を生み出す道具となり、室内に流れる空気までも大事にするのです。ですから、環境を変えることが少なく、その結果、時間が止まったような雰囲気になるのです。しかし、そこでつくられる酒そのものは、新しい技術のもと、日々進化しています。

蔵開き中は、精米から仕込みまでの作業はほとんど見ることはできません。しかし、米を蒸すための大きな釜や甑《こしき》などは見ることができますし、仕込みが完了して樽の中のもろみが発酵している状態は、多くの蔵元で見学できます。表面の白いあぶくの下では、麹菌によるデンプンの糖化と酵母によるアルコール発酵が同時に進行しているのです。

発酵によって生じてくる泡の状態は、蔵元によって呼び方は異なるでしょうが、水泡に始まり、最盛期の高泡、終焉の玉泡など、もろみの進捗状況を把握するための基準になっています。数ある樽の泡がそれぞれ違う表情をしているのは、もろみの仕込み日時が違うからです。ときどき弾ける泡から発散されている香りは、変わることない古代からの便りなのです。

発酵状態のもろみの泡（福岡県宗像市・勝屋酒造にて）

蔵元の多くでは、新酒を味わってもらうために試飲用の酒が用意されています。新酒は、大変よくできました、どうぞ味わってください、と出されているのです。

蔵開き用の新酒は、発酵の完了した

蔵開きで賑わう酒蔵（勝屋酒造提供）

もろみを圧搾機によってしぼり、酒と酒粕に分けたものです。しぼられた酒は、一般的にはオリ引きした後、濾過し、火入れをして清酒となるのですが、最近では槽口《ふなくち》からのしぼり立てをそのまま瓶詰めしたものもあります。この無処理の新酒は、炭酸ガスを含んでいるため舌をチクチク刺激し、麹香が強く、いかにもできたての日本酒といった感じがします。

　これらのほかに数種類の酒が試飲用に用意されていますので、きき酒をして自分の好みの酒を見つけるチャンスでもあります。数種類ある試飲用の新酒の違いや、吟醸酒と純米酒の違いを楽しむのも、蔵開きに参加するおもしろさではないでしょうか。また、伝統ある高度な技術に裏付けられた酒づくりにふれる感動もあります。

　そしてもう一つ、とっておきの楽しみがあります。それは、蔵元が持つ美

酒の仕込み風景（1978年ごろ。勝屋酒造提供）

術品を展示してくれることです。

蔵元の多くは、創業が江戸時代や明治時代と古く、何代も続いた旧家です。その家に代々伝わった美術品、使ってきた古い器や道具などがあります。福岡県宗像市にある、江戸時代から続く造り酒屋・勝屋酒造の蔵開きでは、由緒ある京都のお雛様数種類を見せていただきました。また、奥様が丹精込めて育てられた百種類近くの椿の花も展示されており、圧巻でした。至福のひとときが流れます。

利猪口と杉玉

勝屋酒造では、毎年寒の厳しい二月の半ばに蔵開きが催されています。蔵開きは蔵開放ともいって、そこで振舞われるのは寒仕込みの新酒です。一般に開放されるのは二日間ですが、数千人というファンの方が来られ、当日は屋台なども出て、お祭り気分のとても楽しいものです。

　私はその会場の一角をお借りして、自作の焼き物「酒の器」の展示販売をさせていただきました。「酒」という目的意識をもって来られるお客様ですので、デパートやギャラリーなどとは、作品を見る感覚が違っているようです。酒蔵独特の雰囲気の中では、酒器と酒が直接的に結びついて判断され、とても参考になります。

　蔵開きの催しの中に「きき酒会」があります。参加者全員にぐいのみが配られ、数種類ある酒の銘柄を判定するのです。このぐいのみは利《きき》猪口《じょく》といわれるもので、磁器製の白い肌の内側に青紺色の蛇の目模様が二本入っています。実はこの模様には意味があるのです。酒の鑑定方法は目、鼻、口で酒をきく官能鑑定法ですが、蛇の目模様は目で見る鑑定に使われるもので、酒のわずかな濁りや色が浮き出る仕組みになっています。

　ただのぐいのみとばかり思っていたものが、酒の鑑定には欠くことのできない機能をもつ器となっているのです。この利猪口を手にとって、酒を飲むための器の付加価値とはなんだろうかと考えてしまいました。

　もう一つ、酒の器について考えさせられるきっかけとなったことがあります。それは、造り酒屋の軒先に飾られている杉玉のいわれについて知ったこ

きき酒は酒蔵見学の楽しみの一つ（勝屋酒造提供）

利猪口。青紺色の蛇の目模様が入っており，酒の色や濁りを見分けやすくなっている

とです。

　今日、造り酒屋の仕事場には、仕込み容器としてホーロータンクが並んでいます。しかしこれは大正時代からで、その前は杉桶が並んでいました。ホーロータンクに変わってから生産効率が高まり、吟醸酒を大量に生産できるようになったということです。

　同じように杉桶も、酒づくりに変化をもたらしました。杉桶の全盛時代が長く続いて、杉が酒の象徴になり、杉の葉で玉をつくって軒先に飾り、新酒ができたことを知らせたのです。その名残が今日に引き継がれ、造り酒屋の看板になっているのです。

　杉玉から酒づくりの歴史が見え、技術の進歩がうかがえます。仕込み容器の変遷は、酒の品質向上と味の変化の歴史でもあるのです。酒の品質と味が変われば、飲まれ方も変わるはずです。

　こう考えると、酒の飲まれ方は時代によって異なり、当然酒を飲む器「酒器」も時代とともに変わっていったと考えられます。酒の品質、味と器の関係に興味をひかれました。

　私は焼き物の作品展をデパートや画廊などで行っていますが、最近、徳利やぐいのみの類を求められることが少なくなってきたようです。以前は酒のほとんどは燗をつけて飲まれていたようで、「燗は人肌」といって、適当な燗の基準までありました。貝原益軒（一六三〇－一七一四年）の『養生訓』（一七一三年）には、「およそ酒は冷たくして飲んではよくないし……」とあります。

　しかし今日のように低い精米歩合と低温発酵でつくった酒は、常に安定した香味をもつので、燗をつけようが冷やで飲もうが、飲む人の自由です。そういう意味で、酒の飲まれ方は複雑になっています。

酒蔵の象徴・杉玉。もともとは新酒のできあがりを知らせるものだった（勝屋酒造）

酒の器の種類

酒の器といってすぐに思いつくのは、酒を飲む時に使う徳利と盃でしょう。しかし、酒は醸造しなければなりませんので、原料から製品までに、実に多くの器を使います。

酒の製造から消費までに使う器を流れに沿って分類してみると、次の三つのグループに分けることができます。

・酒を醸造するために使う器

主に酒蔵において使われるものです。醸造容器は、縄文時代の有孔土器といわれる小さな壺から始まりました。そして、甕、桶、ホーロータンクと、酒造技術の向上とともに大型化の道を辿ります。この醸造のための容器から、酒の質の歴史がうかがえます。

・醸造した酒を貯蔵し、運ぶために使う器

昔は醸造用の壺や甕などがそのまま使われていましたが、酒が大量生産されるようになると、容器を分化する必要が出てきます。まず樽が登場し、それから貧乏徳利、一升瓶が生み出されました。この器からは、酒と人々とのつながりが見えてきます。

・酒を飲むために使う器

私たちが日常生活や花見などの行楽、もろもろの酒宴に使う器で、一般に「酒器」といわれるものです。この酒器には、酒を入れて注ぐもの、酒を盛るもの、そのほかに携帯用があります。

注ぐ器は燗つけ用のものから注ぐだけのものなど、さまざまに変化します。携帯用の器は流通用と兼用されながら、特徴のある発達をしてきます。盛る器は、飲めればいいわけですから、基本的に変化のしようがありません。とはいえ、酒に適した材料が開発されたり、美的感覚の変化によって形が変化します。

　私たちが親しみを込めて「酒器」と呼ぶのは、この三つめのグループです。これらの器から飲酒文化の発展を知ることができます。

原始時代の食器は、おそらく貝殻や木の実の殻など、自然のものを利用していたのでしょう。しかし、火を使って土器をつくるようになってから、酒専用の器が現れます。それ以降、酒の発達とともに器も変化し、機能に応じた器がつくられるようになり、今日の醸造用、流通用、飲酒用に至ったのです。

　時代時代に使われてきた酒器の形と酒の質、飲まれ方の関係を整理しながら、新しい酒器の発見ができればと思っています。

古代の酒と器

日本最古の酒樽

酒の歴史は古く、人類とともにあるといわれます。わが国で最初に酒が醸造され、飲まれたのは、いつのころだったのでしょうか。そして、その時どんな器が使われたのでしょうか。

酒の発生には、諸説があります。木の洞に貯えた木の実や果物が自然に発酵して酒となり、それを猿が好んで飲んでいたという猿酒発生説が有名ですが、遺跡に跡を残さない液体なので、推定の域を出ません。しかし、縄文土器に、酒を醸していた形跡を見ることができるのです。

縄文土器は、底が尖って口がV字型に広がった尖底深鉢型土器で幕を開けました。この土器は、人間が化学変化を利用してつくった初めてのもので、食物を保存し、煮炊きするために考え出された大発明でした。縄文人はこの技術を発明することによって、多くのものを口にできるようになったのです。

まだ農耕を始める前の時代でしたので、食料は自然の恵みにすべてを任せます。食物は、生命を維持し、子孫を残すために欠くことのできないものです。その食物を入れる器は、母なる器となり、繁栄のシンボルとなったので

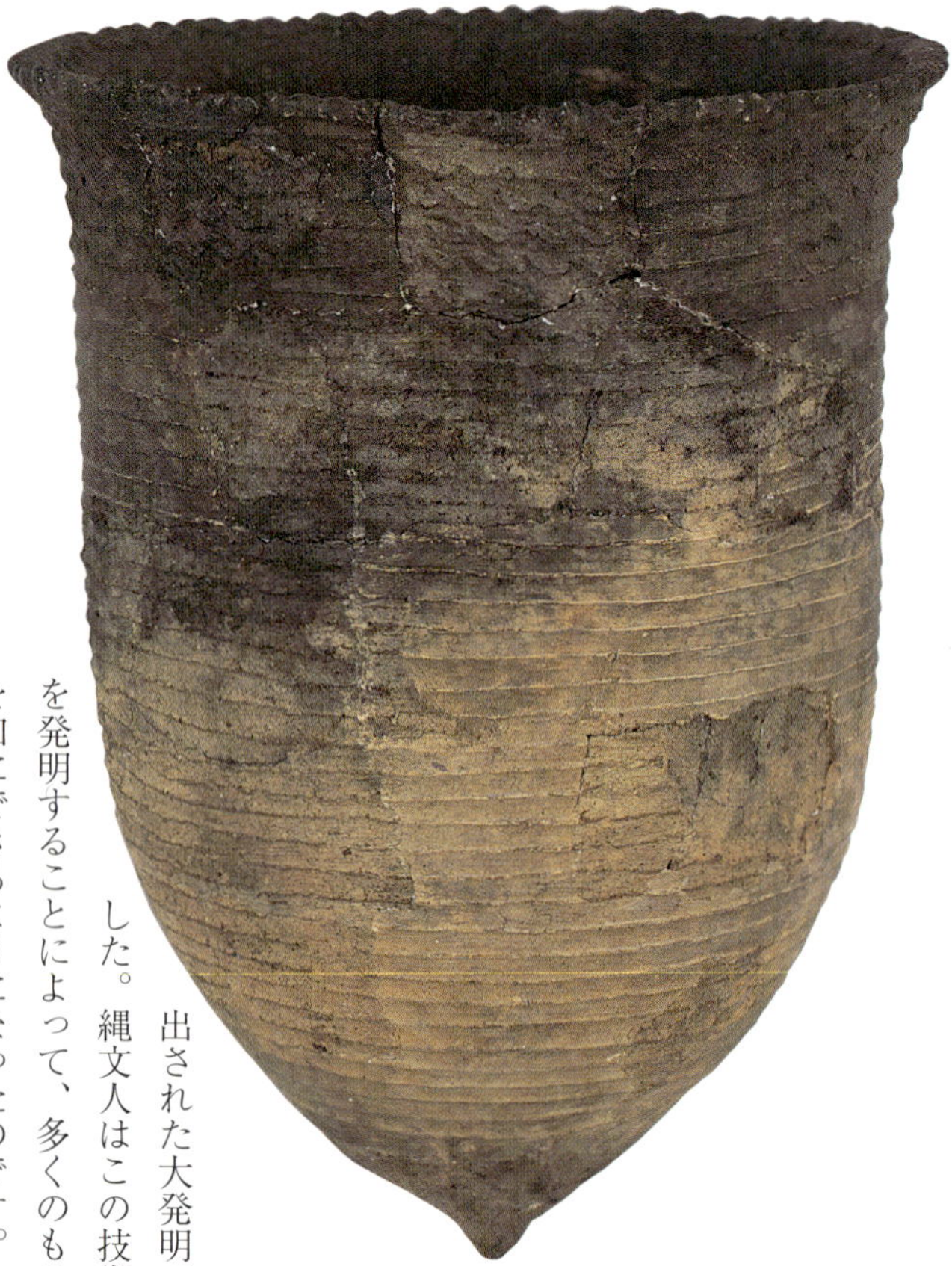

右：微隆起線文土器。日本人の土器づくりは，口が広がり底の尖った尖底深鉢型土器から始まった（高さ30.3cm，縄文時代草創期。青森県埋蔵文化財調査センター蔵）

左：有孔浅鉢形土器。口縁部にガス抜き用の小さな孔をもつ有孔土器は，酒づくりに使われた最古の土器と考えられる（径31cm，山梨県・天神遺跡出土，縄文時代前期。山梨県立考古博物館蔵）

しょう。その思いが土器の表面を飾る呪術的な文様からうかがえます。

縄文草創期以後、縄文文化が栄えていった要因の一つは、尖底深鉢型土器の発明にあるといえます。煮炊き用の器が食生活を広げ、生活全般の余裕を生んだのです。この母なる器は、その後も変化することなく、縄文時代前期までの実に長い間使われ続けました。

尖底深鉢型土器の発明から七千年ほど経った縄文時代前期末、突然、形態の異なる土器が出現します。この土器は、肩の部分から内側にしぼり込まれた浅鉢で、それまでにはなかった形です。容量は、二リットルのものから一四リットルのものまでとさまざまですが、共通していることは、土器の口縁部周囲に複数の小さな孔が開けられ、表面が顔料で彩色されていることです。この土器こそが、酒を醸すためにつくられた最初の器「有孔土器《ゆうこうどき》」です。

特殊な形態をもつ有孔土器が酒を醸す器であると判断された理由は、縄文時代中期の長野県・富士見町新道《あらみち》遺跡から発掘された「有孔鍔付土器《ゆうこうつばつきどき》」にあります。有孔土器と同じ特徴をもつこの土器の内側に付着していたものが、山ブドウの実の炭化物とわかったのです。

糖分を多く含んだ木の実や果実は、天然酵母の作用で自然発酵し、アルコールを生成するため、身近にある山ブドウは最適な酒の原料でした。東北地方各地の遺跡からは、山ブドウのほかに、サルナシやニワトコ、ヤマグワなどの種子が出土していることから、これらの実が酒の原料として使われていたと考えられています。

また有孔土器の特殊な構造も、酒の器と考えられる要因の一つです。発酵の際にはガスが出ますが、土器の口縁部周辺に穿たれた約三ミリ径の小孔がガス抜き用と考えられるのです。

有孔土器は、ブドウ酒づくりに精通した者が考えた土器に違いありませんが、この土器が生まれる以前にブドウ酒づくりに利用していた、なんらかの天然の容器があったのかもしれません。

この有孔土器で醸した酒は、今日のように発酵させたブドウをしぼってブドウ酒にするものではなく、果肉入りのブドウ酒のようです。

というのも、有孔土器は、今日の酒づくりの常識から考えると、あまりにも浅いもので、液体を取り出すことを前提にした器ではないことがわかります。また、鋭角にしぼり込まれた容器から液体をほかの容器に注ぎ分けることは、機能的に見ても無理があり、しかも口縁にある孔はもっと不合理です。果肉のまま食べたり飲んだり、取り分けたりする方が、容器の形態に合っています。この時代の遺跡から液体のブドウ酒を飲むための杯（カップ）が発掘されておらず、また、縄文遺跡のトイレ跡から山ブドウやキイチゴなどの種子が多く検出されたという事実が、これを物語っていると考えられます。

このブドウ酒を盛って飲んだ（食べた）器は、見当たりません。おそらく貝殻や木の実の殻など、自然の容器を使っていたのでしょう。

仕込み容器の変化

有孔土器は縄文時代前期末の終わりには、浅鉢に鍔《つば》が加わり釜の形に変わります。これが、有孔鍔付土器です。有孔土器をつくる際、しぼり込まれた角の部分が割れやすいことから、補強のため鋭角部を厚くしたものが鍔となったという説があります。

この有孔鍔付土器は、縄文中期初頭（約五千年前）には深みを増し、壺形

左は長野県・新道遺跡出土の有孔鍔付土器。内側から山ブドウの実の炭化物が発見された（高さ35cm）。新道遺跡の住居跡からは，有孔鍔付土器とともにさまざまな形，大きさの土器が出土しており，当時の人々が用途別に使い分けていたことがわかる（縄文時代中期。藤森みち子氏所蔵，諏訪市博物館寄託）

や樽形に変化します。深くなった器も、口縁部の小孔列下に沿って鍔状の突起帯をもっています。

不思議なことに、壺形や樽形は構造上、補強の必要はないのに、鍔が残されています。土器の鍔は、酒造器の象徴と考えられていたのかもしれません。

深くなった有孔鍔付土器は、初期の有孔土器とは比較にならないほど大容量で、四〇リットルを超えるものも出ています。形の変化と大容量化は、酒づくりの変化、つまり、ブドウ酒の質の改善をうかがわせます。このころ、しぼったブドウ酒のおいしさを知ったのではないでしょうか。形の変化は、しぼることを前提とした酒づくりに変わったことを示唆しています。

大きくて深い有孔鍔付土器は、内容物を分割するための容器を必要とします。

新道遺跡の住居跡から有孔鍔付土器、大小の深鉢、浅鉢、カップ形土器がセットで出土しました。前述のとおり、この有孔鍔付土器から山ブドウの実が検出されたのですが、一緒に発掘された容器は、用途別に器を使い分けていたことをうかがわせます。つまり、有孔鍔付土器でブドウ酒を仕込み、深鉢や浅鉢でブドウ酒をしぼって注ぎ分け、カップで飲んだと考えられるのです。

口噛みの酒の誕生

その後、縄文時代中期中葉の最盛期を境に、有孔鍔付土器は姿を変えていきます。中期後葉には、小孔がなく、容量も約一リットルと小さな鍔付両耳壺や両耳壺（土器）が現れます。これは酒づくりの縮小を意味しています。これまでの酒造器は大容量化を続け、発酵時のガス抜き用とされていた小孔がありましたが、小型化にともない、小孔や鍔が省略されたり形骸化されたりしました。

この器の変化から考えられることは、新しい酒の登場です。それがデンプンの「口噛みの酒」ではないでしょうか。

縄文時代は、自然の木の実や、栽培したであろうクリを食料にしていました。これらの食物にはデンプンが多く含まれています。中期の遺跡からデンプンの固まりが発掘されていることから、デンプンを抽出し、なんらかの加工をして食べていたことがわかっています。そのデンプンを利用して酒をつくったと考えられるのです。

ブドウ酒をはじめとする漿果酒《しょうかしゅ》は、野生酵母が果実の糖分と作用してアルコールを生成し、ごく簡単に酒になります。しかし、漿果酒の欠点は原料です。春先から夏にかけてのクワの実や木イチゴ、そして秋のブドウと、季節が限られ、さらに保存ができないため、飲める期間はごく短いのです。

酒を常時飲みたいという欲望が、デンプンを原料とした酒をつくり出したのではないでしょうか。それが、デンプンを噛んでつくる「口噛みの酒」です。

デンプンのもとになるドングリやクリなどの原料は保存ができ、必要な時に酒がつくれます。しかし、ドングリなどは、そのままでは酒になりません。原料に含まれているデンプンを糖に変える必要があります。その働きをするのが、唾液に含まれている糖化酵素・アミラーゼです。ご飯をよく噛んでいると甘味が増すのは、アミラーゼの働きによりデンプンが糖に変化しているからです。

口噛みの酒をつくるには、よく噛んだデンプンを壺などに吐いて、溜め込みます。それをそのまま放置しておけば、漿果酒同様、野生酵母が糖と反応してアルコールができるのです。小さくて広口の鍔付両耳壺や両耳壺は、デンプンを吐き溜めるのに都合のよい器です。

縄文時代中期に人口はピークを迎え、以後、減少していきます。また、後期にかけて日本は寒冷化に向かいます。このような悪条件のもと、酒をつくる原料も不足したに違いありません。これが、酒器が小さくなった理由だと思います。自然環境の変化と人口が減り続ける恐怖からか、呪術的な土偶が急増していくのもこの時代からです。縄文時代中期は、口噛みの酒と漿果酒が併存した時代ではなかったかと推察します。

小型で口の広い両耳土器（高さ12cm，長野県・井戸尻遺跡出土，縄文時代中期。井戸尻考古館蔵）

注口土器の出現

縄文時代の酒づくり容器は、仕込むためだけの機能のものと、仕込みと注ぐという二つの機能を兼ねたものに分けることができます。

仕込み単独のものは、縄文時代前期末の有孔土器、中期の有孔鍔付土器です。注ぎ分ける必要のある大型の有孔鍔付土器には、カップや鉢などを生んで対応しました。

中期終末、仕込みと注ぐという複数の機能をもつ容器が現れます。それが有孔鍔付注口土器です。この土器は、ヒョウタンのように胴がくびれ、口辺が内側に曲がり、注ぎ口を備えています。

縄文後期には、有孔鍔付土器は完全に姿を消し、代わってどびん形に注ぎ口の付いた「注口土器」が現れます。

右：有孔鍔付注口土器（高さ29cm，千葉県・江原台遺跡出土，縄文時代中期末。佐倉市教育委員会蔵）
左：弦付注口土器（高さ21.8cm，茨城県・椎塚貝塚出土，縄文時代後期。辰馬考古資料館蔵，便利堂提供）

どびんは、今日でもどびん蒸しなどの料理の器や薬草を煎じる器として使われている形です。

この注口土器について、芹沢長介著『陶磁大系1　縄文』（平凡社）に次のような記述があります。

「栃木県那須野にある後期初頭の遺

跡から、大形の注口土器が円形小竪穴の底に置かれたまま出土した例があり、このような状態からみると、一種の酒を作っていたのではないかとも考えられる」

どびん形注口土器は、抽象的表現の最たるものといわれている陶芸の中でも、機能を満たす容器として、群を抜いた美しさです。このような機能美をつくり出した感性には驚かされます。

縄文時代後期の寒冷化は食料事情を厳しいものにします。人口の減少を目の当たりにして、人類の滅亡の回避を願った縄文人の精神がこの土器をつくらせたのでしょう。緊張した形といい、土器表面の呪術的装飾や注口部の生殖器的造形は、そのことを物語っています。現代では到底生み出すことのできない精神の器です。この器の中を満たすものは、聖なる酒「口噛みの酒」以外に考えられません。

米の口噛みの酒

縄文時代晩期は過去八千年間で最も日本列島が冷え込んだ時代で、食料危機に直面し、東日本の人口が激減します。その時期に、東日本を中心にどびん形注口土器が出現しているのです。これはなにを物語っているのでしょうか。

酒が変化したと判断される条件は大きく分けて二つあります。一つは仕込みの容器が変わった時、もう一つは酒の原料が変わった時です。

一つめの仕込み容器の変化には、二種類あります。形はそのままで大きさが変わる場合と、形そのものが変わる場合です。前者の場合は、酒のつくり方が大きく変化することはなく、主に量への対応で、酒そのものの変化はほとんどありません。後者の場合は、酒づくりの方法自体が変わり、酒の質も変わったと考えられます。つまり形の変化は、質の変化を表します。

二つめの酒の原料が変わる場合は、当然、酒づくりの方法など、酒そのものが変わります。

縄文晩期は、この二つの条件に当てはまります。まず、仕込み容器は、有孔鍔付土器からどびん形注口土器に変わりました。そして、寒冷化により山ブドウなどの原料が減少しました。酒づくりに大きな変化が起こったと考えられます。

この時期に、漿果酒がつくられなくなり、デンプンの「口噛みの酒」が主流になったのではないでしょうか。しかも、原料が米になったと思うのです。

これまで、農耕社会が成立した紀元前三世紀が弥生時代の始まりと考

右：広口壺形土器（高さ16cm，岩手県上閉伊郡宮守村達曾部川向出土，縄文時代晩期）
左：朱塗りの注口土器（高さ8.7cm，青森県弘前市十腰内出土，縄文時代晩期。ともに東北大学蔵，芹沢長介『陶磁大系1　縄文』〔平凡社〕より）

えられてきました。水稲技術が大陸からもたらされ、北部九州で最初に米がつくられたとされる時代です。しかし、平成十五年五月、国立歴史民俗博物館の研究チームが、「弥生開始期が約五百年繰り上がる」という発表をしました。年代測定方法、測定試料によって誤差が生じるということで、考古学会に波紋を投げかけた発表でした。

各地の弥生時代の遺跡から水田跡が発掘されています。青森県弘前市の砂沢遺跡では弥生時代前期（紀元前二〇〇年ごろ）の水田跡が発掘され、八戸市是川《これかわ》の風張《かざはり》遺跡で発見された米粒は約三千年前のものと測定されています。三千年前といえば、縄文時代晩期初めごろです。

稲作は北部九州から本州へと伝播し、青森にまで広がってゆくのに、約二百年かかったとされています。

もし、この風張遺跡から発見された米粒が栽培されたものであったならば、伝播していく時間を差し引くと、稲作が北部九州に伝来したのは三千年よりも以前、縄文時代後期の前半か中ごろとなるのですが、今のところ日本最古の水田跡として確認されているのは、佐賀県・菜畑遺跡です。これは二七〇〇年前で、縄文時代晩期中ごろになります。米粒発見と水田跡の年代に差がありますが、水稲栽培の前に陸稲栽培が行われていたとする説、米輪入説などがあり、はっきりした米の伝来時期は不明です。

いずれにしても、縄文時代晩期初めには日本に米が存在していたのですから、米の口噛みの酒がつくられたのは考えられることです。

口噛みの酒が醸されていたであろうどびん形注口土器は、縄文時代晩期になると、小型の急須型土器と仕込みに適した壺形土器に変わります。

急須形土器は、注口の位置や形態から、注ぐ機能よりも、杯としての機能が優先されているようです。壺形土器から急須形土器に注ぎ分けた酒を、注口部に直接口をつけて飲んだのではないでしょうか。適当な土器の杯が見当たらないのも、それを裏付けているように思えます。

では「口嚙みの酒」とは、いったいどのような酒であったのでしょうか。

実際に米の口嚙みの酒をつくった実験が『日本酒ルネッサンス』（小泉武夫、中公新書）に出ています。それによると、「アルコール度数は一〇日目で九％、酸度は九・八ミリリットル、糖分五％で、ちょうど甘口の酒にヨーグルトを混ぜたような、今日の酒とは似ても似つかないものであった」ということです。実際に近年まで嚙《かん》ミシ（神酒）をつくっていた石垣島では、三日ミシとか四日ミシといって、仕込んでから三日目、四日目に飲むのがおいしいとされ、以後、酸っぱくなってしまうそうです。

口嚙みの酒は、今日の酒と比べると、酒といえるものではないかもしれませんが、縄文の当時としては、ありがたい、聖なる飲み物だったことは間違いないことです。その酒への思い入れの強さが、見事な酒の器をつくる原動力になったのでしょう。

日本酒を生んだ器・甑

民族が開発する酒は、その民族が主食とする穀物と、その食べ方に大きく影響されるといいます。

弥生時代には稲作が定着し、米が主食の座につきます。それとともに酒づくりはどう変わったのでしょうか。

呪術的エネルギーが溢れる縄文土器から一転して、弥生式土器の美しい線と楚々とした造形は、激動の後の静けさを感じさせます。弥生式土器の特徴は、用途に応じた形の器が登場してくることです。どびん形や急須形の注口土器が姿を消し、代わりに酒の仕込みに適する壺や甑が登場します。

この時代の遺跡からは、縄文時代には見られなかった甕形土器が出土しています。甕形土器は甑と合わせて米などを蒸す器具ですが、この時代に米を蒸して食べる習慣ができたことを教えてくれます。そして、この蒸すという料理方法が、「米麴」を使った酒をつくり出すきっかけになったといわれているのです。

甑は縄文時代後期の遺跡からも出土していますが、穀物を蒸す調理法が入ってきたのは、稲作が定着した弥生時代の初めのころです。福岡市・板付周辺の弥生時代の遺跡から、多くの甕形土器や、甕形土器の底に孔を穿った調理器具が出土しています。この焼成した甕形土器に孔を開けたものが、初期の甑です。その後、鉢型に変化し、製作の段階で底に孔を開け焼成するようになります。

では、当初の甑は、どうして既成の甕の底に孔を穿ってつくられたのでしょうか。蒸し器にしては不安定な形ですし、機能を背景にして新しい形が生まれるという器の発達からみると、不自然な気がします。その気があれば、土器製造の段階で孔を開けるのは簡単なことですし、また形状も、蒸し器としてもう少し考えることができたはずです。縄文時代から土器づくりに長けていた民族らしからぬことで、納得できません。

考えられるのは、蒸すという調理法がそれまでにはない新しいものだったため、見よう見まねで既成の甕の底に孔を穿ってつくったのではないかということです。その後、蒸す調理法が重要になるにつれて、最初から底に孔を穿ち、鉢形の機能的な甑をつくるようになったのです。

今日、多くの分野の調査から、日本酒の起源は弥生時代にあるとされています。ただ、その酒造技術がどこから来たかが意見の分かれるところです。次に述べるように、米を蒸すことで日本

甕形土器（高さ68cm，福岡県・雀居遺跡出土，弥生時代前期。福岡市埋蔵文化財センター蔵）

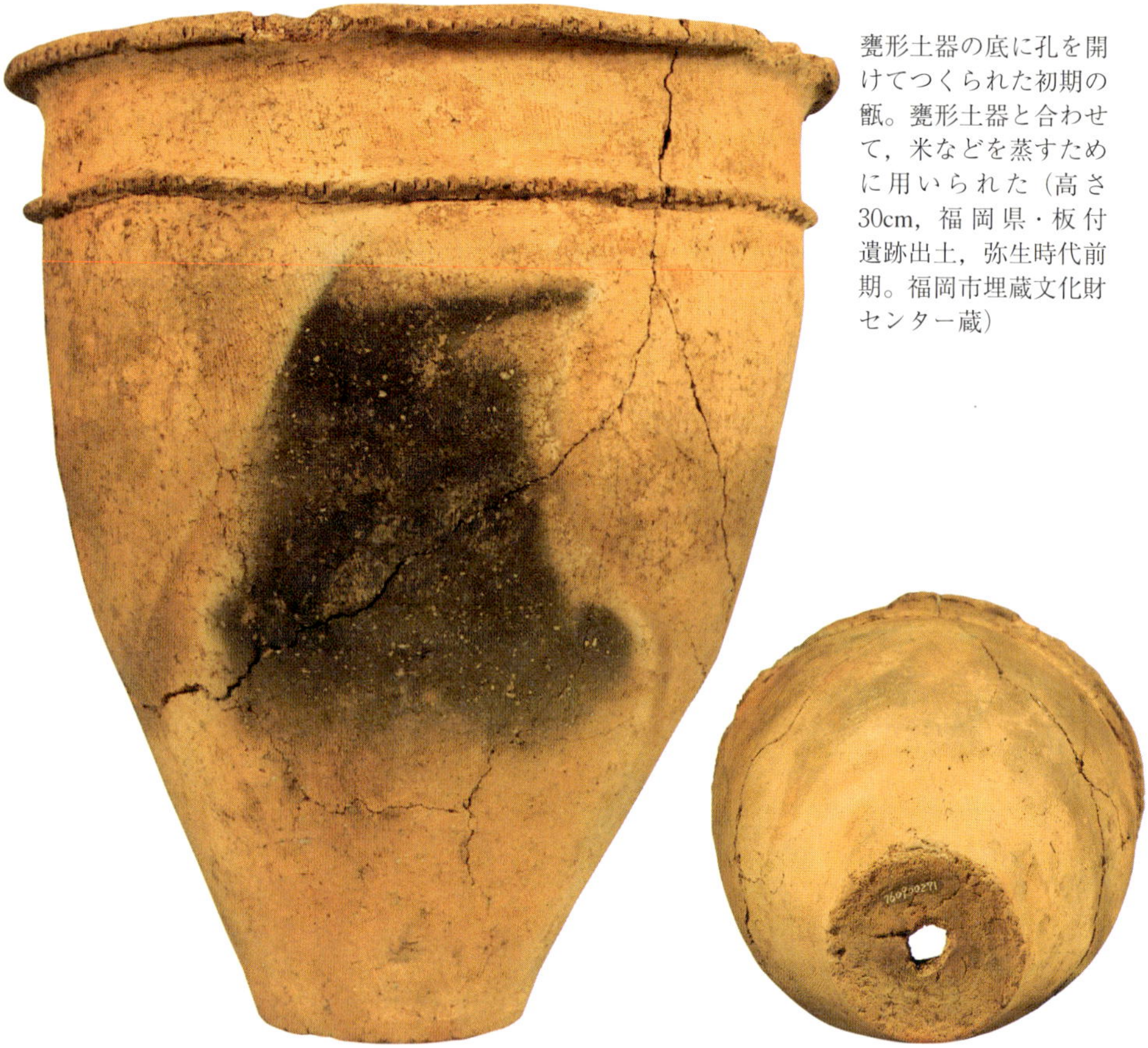

甕形土器の底に孔を開けてつくられた初期の甑。甕形土器と合わせて，米などを蒸すために用いられた（高さ30cm，福岡県・板付遺跡出土，弥生時代前期。福岡市埋蔵文化財センター蔵）

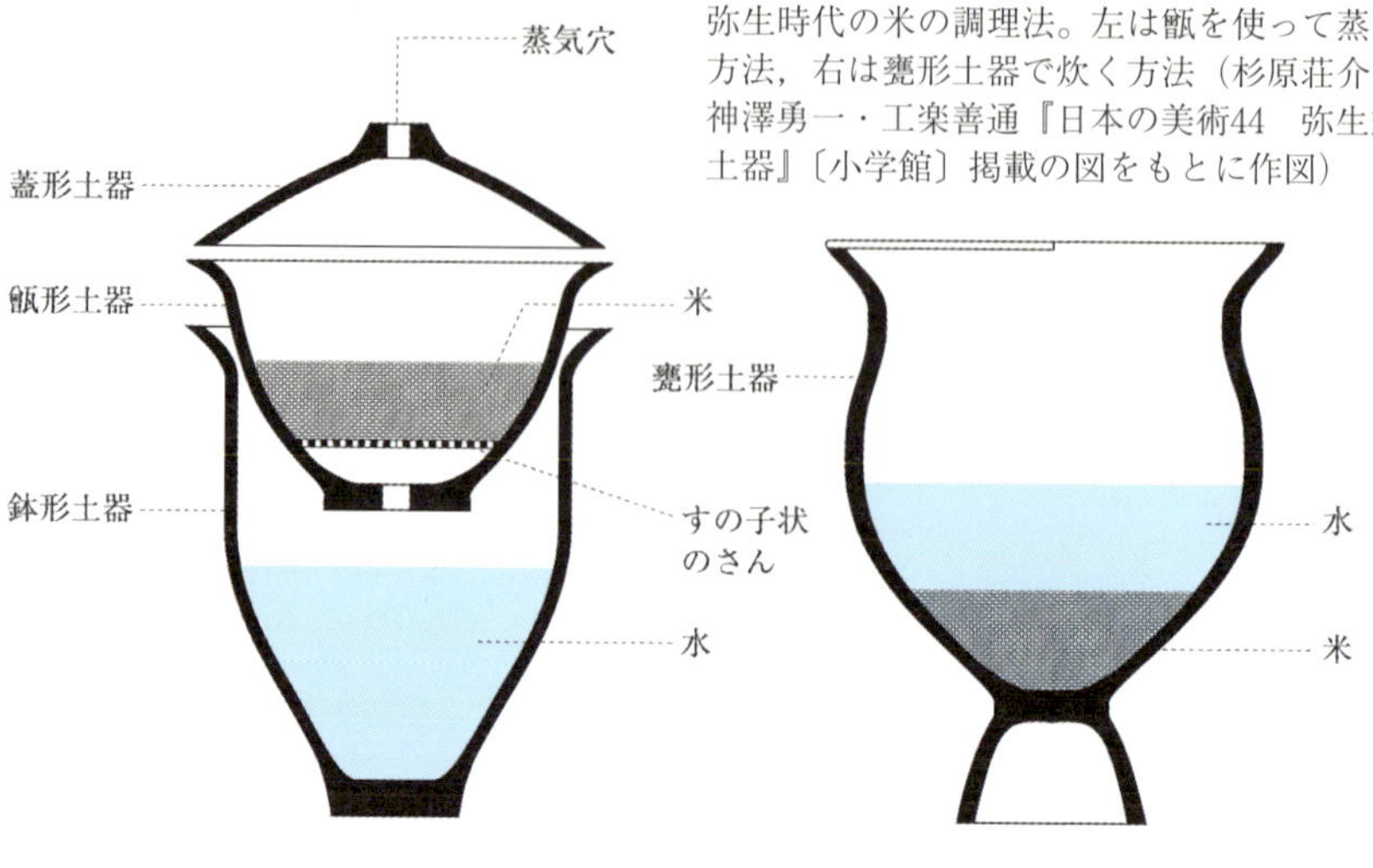

弥生時代の米の調理法。左は甑を使って蒸す方法，右は甕形土器で炊く方法（杉原荘介・神澤勇一・工楽善通『日本の美術44　弥生式土器』〔小学館〕掲載の図をもとに作図）

酒独特の麹カビを生んだという事実から、甑の存在がポイントとなりそうです。甑が生活の中にとり入れられる時期と醸造技術を確立した時期が重なるのではないかと考えられるからです。

麹カビの発見

弥生時代の酒づくりも、推論の域を出ません。遺跡に跡を留めない酒、ましてや記録する文字もない時代のことですから、困難を窮めるのは当然のことかもしれません。

日本酒の起源については、稲作伝播と同時に入ってきたとする説と、日本で独自に開発されたとする説があります。以前は稲作伝播と同時とするのが定説だったようですが、その後、独自開発説に変わってきました。その理由の一つに、米のデンプンを糖化する麹カビの調査が進み、日本酒に使われる麹が独自のものであるとわかったことがあります。

酒づくりに使われるカビには「散《ばら》麹《こうじ》」と「餅麹《もちこうじ》」の二種類があります。散麹は蒸した米に発生する麹ですが、餅麹は麦を粉体にし、水でこねて団子状にしたものに発生するといわれます。稲作のルーツである中国などの酒は後者の餅麹が使われますが、日本酒は散麹なのです。

稲作を持ち込んだ民族が、自分たちの生活習慣も一緒に持ち込んだことは十分に考えられます。その中には酒づくりの技術もあったことでしょう。そして、その渡来人がつくる酒は、カビを使ったものでした。

それを見た口噛みの酒の民の驚きは、大変なものだったに違いありません。つらい口噛みをすることもなく、大量に仕込むことのできる酒づくりに畏敬の念を抱いたことは想像がつきます。

しかし、米の口噛みの酒に慣れ親しんできた人たちにとって、渡来した技術でつくる酒は、味、香りなどの嗜好の点で酒の概念からはずれていたのでしょう。もし渡来した技術での酒を歓迎していたならば、酒造技術をそっくり受け入れていたはずです。餅麹づくりに必要な麦が福岡市・諸岡の弥生前期の遺跡などで発掘されていることから、原料調達は可能だったのです。それをせず、口噛みの酒を基準とした自分たちの酒をつくるために、試行錯誤の酒づくりに挑戦していったのではないでしょうか。

日本酒の起源や技術の独自性などの判断は難しく、稲作技術伝播のルートと大陸文化の変遷に絡むため、諸説があります。米が原料ですので稲作技術の渡来した時代が重要な要因になるでしょうし、そうすると技術の独自性の断定はさらに難しくなるのです。ただ、デンプンを糖化する麹カビの種類が日本酒独特ということが判明したことから、麹の発生手順に独自の方法を発見したということは間違いありません。そこで重要になるのが、調理方法です。

カビが餅麹であるとか散麹であるとかの判断は、弥生人にはできないことです。ただ、カビで酒をつくることができるという事実を知った彼らは、そのカビを発見するために努力します。いろいろな種類の穀物を炊いたり蒸したり、さまざまな調理方法とカビの生え具合の関係など、試行錯誤の研究をしたのでしょう。そして、ついにその努力が実り、「蒸し米」に行き着いたのだと想像します。

穀物を蒸すという調理方法は、確かに半島から渡来しましたが、酒をつくるための技術としてではなく、ただ調理の一つの方法としてだったのではないでしょうか。当初は実験的に行われていた様子が、できあいの甕の底に孔を穿って使ったこと、甑の発掘個数が少ないことからうかがえます。

結果的に、蒸し米からカビを発見し、そして稲作のルーツの国に見当たらない散麹を用いた日本独特の酒ができあがったのです。もし、甑という調理器具がなく、穀物を蒸す調理法がなかったら、今の日本酒はなかったかもしれません。

現在、さまざまな研究から、散麹カビの繁殖には「蒸し米」が最適であることが証明されています。カビの繁殖には培養体の水分含有量が大きく影響します。多すぎても少なすぎても不適当なのです。炊いた米と蒸した米では、水分の含有率に大きな差があります。当然、蒸した米のほうが水分が少なく、

連弧文壺形土器。表面が研磨されて独特の光沢を放ち，平行直線と連弧文を組み合わせた文様が施されている（高さ10.3cm，福島県・南御山遺跡出土，弥生時代中期。明治大学博物館蔵）

生米よりは多いのです。それが、麹カビを繁殖させるのに適したものだったのです。そしてもう一つ、日本の気候が、麹カビが生えるのに適していたことも見逃せません。

蒸し米が日本酒づくりに最適な麹を生み出すという大発見は、外来の技術を参考に独自のものをつくり出すという、日本人の特性を発揮した先駆的なものでした。そして、日本酒を生んだ器である甑は後世、蒸籠《せいろう》と呼ばれ、木製の枠の底に竹の簀を敷き、釜の上にはめて使うようになります。大型化にも対応できる形になった蒸籠は、日本酒の発展に貢献していくのです。

２つの壺を重ね合わせたような珍しい形の瓢形土器（高さ32.2cm，福岡県小郡市小郡出土，弥生時代中期。九州歴史資料館蔵）

弥生時代の酒の器

日本酒独自の散麹の発見といい、甑をつくり出したことといい、弥生時代は酒づくりが大きく発展した時代といえます。酒づくりの壺が、時代が下るにつれて大型化していくのも、酒づくりの技術が向上し、安定して酒が生産されていたことを示していますし、酒を注ぐために使われたと思われる器など、多くの酒器も見つかっています。

三世紀に書かれた中国の史書『魏志倭人伝』の中に、「其ノ会同ハ、坐起ニ父子男女ノ別無ク、人ノ性酒ヲ嗜ム」という記述が見られます。三世紀といえば弥生時代後期です。このころには日常的に酒がつくられていたことがわかります。そしてその酒は、蒸し米でつくられた散麹による酒であったのでしょう。

重弧文長頸壺形土器（高さ25.1cm，熊本県上益城郡御船町辺田見字中原出土，弥生時代後期。熊本博物館蔵）

弥生時代は注口土器がほとんど姿を見せません。代わりに酒を入れたと思われる器として、長頸壺形土器や無頸壺形土器が登場してきます。

当時は農耕に関わる神祭の行事が多く、その席で酒を飲んでいたのでしょう。神饌具で物を盛る高杯形土器や酒を入れる壺形土器など、美しい土器が出土しています。縄文土器から弥生式土器への変遷は、生活の変化そのものを物語っていますが、神に対する畏敬の念は変わらず、酒の器の表現には力が入っています。

酒を入れる器があれば、その酒を盛る器がなければなりません。いわゆる盃にあたる器です。しかし、機能に対応した土器が登場した弥生時代といえども、酒専用の器として限定されたものはないようです。

器の使い方について、現代でもそうですが、たとえば徳利の場合、酒を入れて燗をつける以外に、蕎麦つゆを入れたり、また花瓶代わりに花を活けたりと、機能を最大限に応用して楽しみ

神に供物を捧げる際に使われた高坏形土器（高さ約33cm〔上〕，29cm，福岡県・宝台遺跡出土，弥生時代中期，福岡市埋蔵文化財センター蔵）

底に孔が開けられた小鉢。口の小さい長頸壺形土器の上にのせ，漏斗として使ったものと考えられる（径約14cm，福岡県・西新町遺跡出土，古墳時代前期。福岡市埋蔵文化財センター蔵）

ます。一つの器の用途を拡大して使う方法が、量産化できなかった弥生時代以前の土器の宿命でした。壺の中に水を溜めたり、酒を醸したり、穀物を蓄えたり、貴重品を入れたりと、多用途です。このように、製作者の意図した機能を無視して、使う人が勝手に機能を考える使い方は、古代からの伝統のようです。

　福岡市埋蔵文化財センターで見た土器の一つに、小さな鉢がありました。両手を合わせた窪みにスッポリ納まる大きさと、放物線を描く素直な形で、土器の肌の温かさが伝わってきました。三世紀後半につくられたもので、当時の人々はこのような鉢で濁り酒を飲んでいたのでは、と思われる器です。ところが驚いたことに、この鉢の底には孔が開いていたのです。

　なぜ器の底にわざわざ孔を開けたのでしょうか。疑問の残るところですが、用途については諸説あり、はっきりとわかりません。

　弥生式土器には口が小さくて頸の細いものや長いものが多く、繊細な印象を与えます。このような形態のものに、直接酒などの液体を入れるには無理があります。その疑問が、この小鉢の底に開けられた小孔を見て解けました。丸みのある小鉢の底は、細頸壺形土器の先端、開いた造りの口辺にのりやすくなっているのです。のせた器の底に孔があれば、漏斗として使えます。

　底に孔の開いた鉢は、大小いろいろ発掘されているそうです。容器の口辺に合わせて使い分けていたと考えられます。

　酒を入れたであろう長頸壺形土器や壺形土器、そして酒を盛るカップ形土器や台付碗形土器など、弥生時代の土器は、どれも上品でやさしく、凛とした姿をしています。

貴族が愛した酒と器

須恵器の登場

縄文時代草創期から弥生時代、そして古墳時代前期までの一万年強の間、器をつくる方法は変わることなく、手づくり、野焼きでした。これは、現代の技術革新の速度からみれば、気の遠くなるような時間です。

古墳時代中期の五世紀ごろ、大陸から高度な製陶技術をもった渡来人が海を越え日本へやってきました。彼らによって焼かれた器は、それまでの土器に比べて硬く締まり、形の整った新しい焼き物「須恵器」でした。それは、高温焼成を可能にした「窯《かま》」と、成形を容易にして量産を可能にする「轆《ろく》轤《ろ》」の出現によって生まれたものです。窯と轆轤は、それまでの焼き物の概念を大きく変えました。

焼き物の原料である粘土の成分は、

珪石《けいせき》とアルミナ、石灰が大部分で、ほかに少量のマグネシア、酸化鉄などです。主成分である珪石は、通常珪酸と呼ばれるもので、さらされる温度によってその性質を変えていきます。五七三度以下でアルファー石英、五七三－八七〇度でベーター石英、八七〇－一四七〇度で鱗灰石、一四七〇－一七一三度でクリストバライト、一七一三度以上で石英ガラスになるそうです（内藤匡『古陶磁の科学』雄山閣出版）。

野焼きの土器は、六〇〇－八〇〇度くらいの温度で焼成されたと考えられていますので、珪酸はベーター石英と呼ばれる鉱物に変態しています。それは多孔質で、水の漏れる脆いものですが、水によって形が崩れることはありません。須恵器は一〇〇〇－一二〇〇度くらいの温度で焼成されたとされていますので、鱗灰石の領域です。この鉱物は、密で硬く、性質的にはガラス

右：須恵器の窯跡。登り窯と呼ばれる構造で，手前が焚き口にあたる（福岡県・重留遺跡。福岡市埋蔵文化財センター提供）

上：須恵器の高坏（高さ 9 cm，福岡県・梅林古墳出土，古墳時代後期。福岡市埋蔵文化財センター蔵）

左：須恵器の壺（高さ約20cm，福岡県・吉武遺跡出土，古墳時代後期。福岡市埋蔵文化財センター蔵）

に近づきます。丈夫で水漏れしにくい材質です。

須恵器のもう一つの特徴は、成形に轆轤を導入したことです。木の円盤を回転させ、遠心力を利用して粘土の塊から手早く形を生んでいくその生産方法は、画期的なものでした。

轆轤のない時代の成形は、手びねり（粘土を紐状に細く伸ばし、それを巻き上げて形をつくる方式）で、時間のかかる大変な仕事でした。縄文時代の土器の呪術的かつ複雑な造形は、手びねりの神髄を表現した作品です。そして、稲作文化を築いた弥生時代の土器は端正で機能的となり、円を基本としたその造形は轆轤時代の到来を予見していたかのようです。

生産性の低い手びねり方式から、轆轤という器具を使っての成形方式になったことで、大量生産が可能になり、用途に即した器を作成できるようになったのです。これにより焼き物の器が生活の中に浸透し、種類が増えていきます。初期の須恵器には、広口壺や甕、甑、杯、高杯などがあります。六世紀には各地に伝播して、八世紀ごろには全国規模で須恵器が生産されるようになりました。そして、この須恵器が、日本酒づくりに大きく貢献してゆくことになるのです。

五世紀後半には酒の取引が行われていたという記録が『日本書紀』にあります。「旨酒餌香《えか》の市に直《あたい》以て買はぬ」、餌香の市に出された酒は、あまりの美酒のために値段がつけられないほどだったというのです。餌香は、須恵器発祥の地といわれている堺市、和泉市などの阪南地区にあり、須恵器の酒器が早い時期から手に入る環境にあった所です。

この時期、酒づくりはかなり進んでいたようで、市に出されるほどの量の酒がつくられていたのです。

この酒造技術向上の背景の一つに須恵器の登場が考えられます。つまり、軟質の弥生式土器の容器から、堅牢な須恵器の容器に変わったということです。米を蒸したり仕込んだりする広口壺、甕、甑や、酒を盛る杯、高坏など、これらの堅牢な器が酒造用具として標準化され、酒づくりのための条件が整っていったのだと思うのです。

群馬県の黒井峯遺跡（六世紀）や奈良の長屋王邸跡（八世紀）などでこれらの須恵器がまとまって発掘されていることから、長い間大きな変化もなく、標準化された酒づくり用の須恵器が、セットになって各地に広まっていったのではないでしょうか。その出発点になるのが、餌香の市の旨酒を仕込んだ容器だったのではないかと考えるのです。

不思議な形の器・𤭯

須恵器発祥当時からつくられていた器の一つに𤭯《はそう》があります。形態的には広口壺ですが、胴体部に小孔を一つ穿っているのが特徴です。𤭯は当初から大型と小型の二種類がつくられていて、大型が高さ一八センチ前後、小型が高さ一一センチ前後と、いずれも容器としては小さめです。大型の𤭯だけが後に姿を消し、小型はさらにつくり続けられていくことから、大小の𤭯は明確な使い分けをされていたことが想像できます。

不思議な形態をしている𤭯がどのように使われていたのか、その用途については諸説あってはっきりしないのが実情です。ただ、出土した人物埴輪の中には𤭯を両手で捧げ持つ恰好をしたものがあり、その孔には竹の管らしきものが差し込まれています。その状態から、液体を入れて吸っていたか、注いでいたらしいと推定できます。壺の口辺からではなく、胴体にわざわざ孔を開け、管を使って間接的に吸ったりするようなものは、酒以外には考えられません。つまり、当時の酒がもつ神秘性がなせる行為だと思うのです。

出土した埴輪のように、手に持って酒を盛る𤭯は小型で、酒を運んだり注

須恵器の𤭯（高さ12.5cm，京都府・弁財古墳出土，古墳時代後期。京都国立博物館蔵）

𤭯を手にした人物埴輪。𤭯の孔に管のようなものが差し込まれている。𤭯の使用法を伝える貴重な資料（現高26.5cm，静岡県・郷ケ平6号墳出土，古墳時代後期。浜松市博物館蔵）

ぎ分けたりといった機能をもつ容器は大型ではなかったでしょうか。このように小型・大型の機能を分担して使うとともに、供膳用としても使っていたに違いありません。

𤭯が製作されていた五世紀後半は、餌香の市が立ち、酒が売られていた時代です。須恵器の生産地に近かった餌香の市では、酒を持ち運ぶための容器として大型の𤭯を使っていたとしても不思議なことではありません。それにしても、餌香《えか》の市で売られていた値がつけられないほどの美酒とは、どんな酒だったのでしょうか。

黒井峯の酒造小屋

六世紀中ごろ、群馬県の榛名山《はるなさん》が噴火し、テフラ（火山噴出物）の軽石により一瞬にして一つのムラが埋没しました。そして二十世紀、そのムラが軽

酒づくりに使われたと思われる円形の作業小屋跡
（群馬県・黒井峯遺跡。子持村教育委員会提供）

石採集現場に出現したのです。

このムラの跡は黒井峯遺跡と呼ばれています。約二メートルもの軽石の堆積がムラを一瞬にして閉じ込め、当時のままの状態で現代まで保存されていたのです。農業を営む集落には、住居跡、さまざまな作業小屋跡、家畜小屋跡などが散在し、周辺には水田や畑もあります。

住居跡からは、土師器の甑、須恵器の甕、短頸壺、長頸壺、提瓶とともに、籾、小豆などの種子が出土しています。また、祭祀棚から落下したと見られる、逆さになった高坏と稲穂もあり、稲刈りの後に神棚に供えられた様子がうかがえます。

それぞれの作業小屋は、作業内容に合わせ機能別につくられています。この中に特殊な造りのものがあり、それについて『日本の古代遺跡を掘る4 黒井峯遺跡』（石井克己・梅沢重昭、読売新聞社）に、次のような解説があります。

「遺物や内部の状況を詳しくみていくと、ほかの作業小屋と比べて、建物内部には、液体に用いられる器類が多く発見されるなど、すこぶるユニークな状況を残しており、どうやら酒造のための作業小屋だった可能性が高い」

また現場の状況について、「遺物は、土間の中央に、桶と考えられる木製容器が、径五〇センチと二〇センチの大小二点、水筒に似た須恵器の提瓶二点、𤭯という胴部に注ぎ口の小穴をあけた壺一点、高坏一点が発見され、壁際の大きな穴のなかには、須恵器の横瓶が一点置かれていた。横瓶というのは、酒などの液体を貯蔵すると考えられている」、「さらにこの建物は、すぐ南に接する水場に最も近い点からも、水を利用したことは間違いなさそうである。それも酒づくりに深くかかわっていたものと考えられる」とあります。

酒づくりには米が必要ですが、遺跡からは水田跡が発掘され、刈り取られた稲穂が神棚に供えられていたことから、酒の原料があったのは確かです。また、この特殊な造りの小屋に残された桶や各種の須恵器は、酒を仕込むのに適した器ばかりです。さらに、小屋に隣接して水場があり、小屋のすぐ近くの平地式住居跡からは、甕などと一緒に甑が発掘されています。

水と甑の存在は、麹を使った酒づくりを行っていたことをうかがわせます。麹を使った酒づくりには米を蒸すことが前提となり、甑の存在が酒をつくっていたことを推定する条件になるので

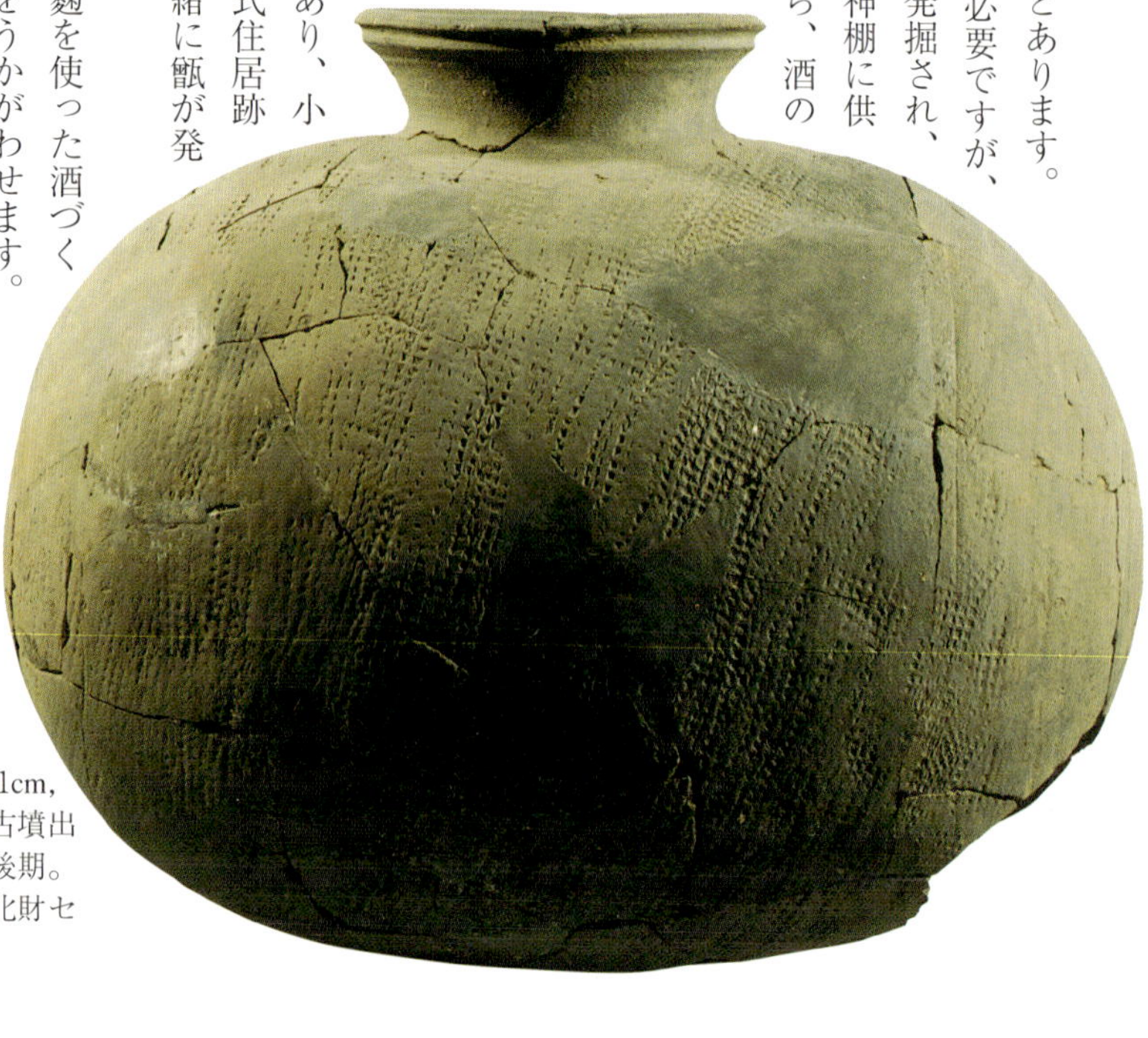

横瓶（高さ31cm，福岡県・大谷古墳出土，古墳時代後期。福岡市埋蔵文化財センター蔵）

須恵器の大甕（高さ100cm，径160cm。
奈良県天理市・石上神宮蔵）

す。米を蒸すことが、酒をつくることと同じ意味となって北部九州から東へと進み、酒造技術が米を炊く文化圏に広がっていったと考えられます。縄文時代晩期、北部九州に伝播した稲作は、酒づくりの技術をも携えて東へと進み、六世紀の黒井峯ムラにも到達していたのでしょうか。

一段仕込みの酒

七世紀になると、かなりの人が酒を飲んでいたようです。『日本書紀』の大化二（六四六）年三月条に、「農作の月は、田作りに励め、魚酒を禁ぜよ」とあります。これが初めての禁酒令で、その後もたびたび禁酒令は出されています。このようなことから、酒は国の隅々まで行き渡り、多くの酒が消費されていたと推察されます。

酒の大量生産を支えたのが、丈夫な須恵器の甕や壺でした。とくに甕は大型で、その容量は五〇〇リットル、中には一〇〇〇リットルを超えるものもあったそうです。甕の容量を一升瓶に換算すると、一〇〇〇リットルで約五五〇本という量です。

前述のように、米麹を使っての酒づくりが始まったのは、稲作が定着した弥生時代であると推察されます。

米麹を用いた酒づくりが記録として現れるのは八世紀、奈良時代初頭です。和銅六（七一三）年ごろの『播磨国風土記』の宍禾《しさわ》郡庭音《にわと》村の条に、「大神の御粮《みかれい》沾《ぬ》れて　《かび》生えき、即ち、酒を醸さしめて、庭酒《にわき》を献りて、宴しき」と書かれています。神様に捧げた御粮（強飯）が濡れてカビが生えたので酒を醸した、ということは、強飯に生えたカビが酒を醸すことをすでに知っていたということです。つまり、「風土記」に書かれている年代より早い時期から麹を使った酒がつくられていたことがわかります。和銅六年は、須恵器の生産も盛んなころでした。

大型の須恵器の甕が酒づくりに貢献し、酒造技術が向上したと見られる飛鳥・奈良時代の酒は、『日本酒ルネッサンス』によると、「今日の日本酒の造り方とは大きく異なるものであった。酒質も現代のものとは比較にならないほど味の濃い酒で」、「酒甕に水、麹、蒸した米（場合によっては煮た米）を加え、そのまま発酵させる一段仕込みの酒であった」ということです。

携帯用の器・提瓶

一段仕込みの酒は、麹と蒸米の量に比べ水の量が少なかったために、甘味が濃厚で、アルコール度数の低いものでした。

この酒が飲まれていたであろう六世

紀の初頭、須恵器は用途に合わせた形に少しずつ変わっていきます。酒を入れて運んだと考えられる大形𤭯は姿を消し、代わりに「提瓶」が使われるようになっていきます。

提瓶と呼ばれる容器には二種類あり、一つは扁平な丸形の胴体に口頸部が付き、ちょうど今日の水筒のような形をした提瓶で、もう一つは皮袋の形をした皮袋形瓶です。機能的には水や酒などの液体を入れ、吊り下げて運ぶのに適している容器です。

皮袋形瓶は六世紀末ごろに出現しましたが、その形は小さく、高さ一〇—一八センチですから、今の燗徳利の容量です。土師器にも同じような形をした皮袋形土器が見られます。大陸から渡ってきた形のようですが、実際にどのような使われ方をしたのでしょうか。

提瓶は携帯することを前提につくられており、とくに水筒形の提瓶は、その大きさから皮袋形より大量に運ぶ要求を満たします。野外での宴会には最適です。

このころつくられていた器に、角杯形の杯があります。皮袋形瓶と同じく大陸から渡ってきた形です。かの地では角杯形瓶と据え付け台がセットとなり、杯を立て掛けて使うようになっていて、角の形も写実的です。

しかし、日本のものは据え付け台がなく、持ちやすい丸みのある形にアレンジされています。野外での飲酒時に手に持って飲むこの杯は、提瓶によく似合います。

八世紀初頭の『常陸国風土記』の「築波郡」の項には、春は花の咲く時、秋は葉が紅葉する時に、みんな

携帯用に使われたと思われる須恵器の提瓶（高さ25.6cm，福岡県・徳永アラタ古墳出土，古墳時代後期，福岡市埋蔵文化財センター蔵）

でお酒や御馳走を持って馬や徒歩で出掛け、歌ったり舞ったりしてゆっくり時を過ごす、とあります。このように、野外での飲酒が多かったことが、当時の文献などからわかります。

携帯用の酒器を必要とするこれらの行事には欠かせないはずの提瓶ですが、七世紀後半には姿を消しています。

飛鳥、奈良時代の飲食器については物証が少なく断定は難しいのですが、壊れやすいという欠点をもつ焼き物に代わるものが開発されたことは間違いないでしょう。提瓶がつくられなくなって以降、焼き物の携帯容器の出現がないこと、当時漆芸が盛んになってきていたことからも、そのことがうかがえます。

長屋王邸の酒と器

各地の「風土記」が記録されたのは八世紀初頭ですが、奈良県の平城京跡の発掘により、ちょうどそのころ、貴族が邸内で酒や食器をつくっていたことを記した木簡が見つかりました。

長屋王邸跡もその一つで、木簡、食器（土師器、須恵器）などが発掘され、邸内のこまごまとした日常生活を知ることができます。長屋王（六八四－七二九年）は天武天皇の孫にあたり、皇

上：角杯形瓶。朝鮮半島での発掘例も多い（高さ16.9cm，福井県・獅子塚古墳出土，古墳時代後期。東京国立博物館蔵）
下：皮袋形瓶。皮袋を模してつくられた器で，縫い目も忠実に表現されている（高さ18.6cm，古墳時代後期。岐阜市・上加納稲荷神社出土 。愛知県陶磁資料館蔵）

平城京跡から出土の食器や調理具。写真は長屋王邸ではなく
平城京内の別の場所からの出土品（奈良文化財研究所蔵）

族勢力を代表して権勢を振るい、左大臣にまで上りつめた人物です。

出土品からは、豊富な食封《じきふ》（封戸が納める租）をもとに華やかな生活が繰り広げられた様子がうかがえます。大きな邸の生活を維持していくためにさまざまな仕事があり、多くの人々が働き、邸内が一つの町の機能をもつほどでした。その中に、土師器の食器をつくっていた部署があります。

奈良・平安時代、日常的に使われていた食器は、土師器と須恵器です。土師器は杯、皿などの食器、貯蔵用の壺、煮炊き用の鍋などで、須恵器は貯蔵用の壺、甕などと、少量の食器です。長屋王邸では食器の大部分が土師器で、それらは邸内でつくられていました。「土師女《はしめ》」、「瓮造《みかつくり》」、「奈閉作《なべつくり》」と書かれた木簡が示すように、食器、壺や甕、鍋と、用途ごとにその製作が分担されていたと考えられています。

土師女がつくった皿などの食器類は、大きさに規格性が高く、律令の時代を背景に生まれた規格化が、ここにもとり入れられていました。長屋王邸では直径約三〇センチの大皿と直径約一二センチの小皿が多くつくられており、これはほかから発掘された食器には類を見ないものです。邸内の人々が集う賑やかな宴会などで使われたのでしょう。そして、その時用意された酒も、やはり邸内で醸したものでした。

長屋王邸では、効率的に仕事をするために部署が定められ、種々の司や所が置かれていました。酒の醸造や保管といった仕事を任されていたのが「酒司」です。酒の醸造に使われていたと思われる須恵器の甕、横瓶、平瓶、壺などが邸内から発掘されています。酒をつくる道具は、黒井峯遺跡の酒づくり小屋から発掘されたものと類似していることから、基本的に酒づくりの方法は同じだと考えられます。そして、それはおそらく「一段仕込み」の酒だったのでしょう。

屋内で使用されたと考えられる平瓶（高さ約17.6cm，福岡県・広石古墳出土，古墳時代後期。福岡市埋蔵文化財センター蔵）

燗つけとオンザロック

携帯用の提瓶は、七世紀前半に現れた平瓶としばらく共存し、七世紀後半には姿を消します。平瓶は、蓋のないヤカンのような形をしており、水筒形提瓶をヒントに考えられたものでしょう。平瓶も水筒形提瓶も、酒を入れる器として使われていたと考えられていますが、平瓶は水筒を寝かせた形ですから、持ち運びには不向きです。また、長屋王邸から出土した平瓶には把手が付いています。この把手の意味するものは、なんでしょうか。

平瓶が登場した当初は把手がなく、本体を抱えて注いでいたようですが、八世紀初頭のころより把手の付いたものが現れます。それが、長屋王邸から発掘された把手付きの平瓶です。

把手は現在のヤカンのように、熱くなった本体を吊り下げるのに適したものです。長屋王邸の把手付き平瓶は、酒を温めていたことをうかがわせる器なのです。

酒に燗をつけて飲むという方法の起源は、はっきりしていません。

『守貞漫稿』(一八五三年)によれば、中古は燗鍋を用い火にかけて燗をつけた、とのことですから、「直燗」であったことがわかります。そして燗鍋は銅製であると書かれています。長屋王邸では銅製の燗鍋は見当たりませんが、それに代わるものが、把手付き平瓶ではないかと思うのです。

長屋王邸から出土したものとほぼ同型の把手付き平瓶。その形状から，酒を入れて温めるのに使われたものと考えられる(高さ16.7cm，平城京跡出土。奈良文化財研究所蔵)

提瓶は持ち運ぶには便利ですが、形態的に、この容器に入れた酒を温めることは困難です。その後、室内で酒を温めて飲むようになったことから、燗つけ機能を持ち合わせたヤカン形の把手付き平瓶が生まれたと考えるのです。

ただ、須恵器は直接火にかけると割れやすいため、直燗はできません。土師器の鍋で沸かした湯に浸けたか、あるいは甑を使い器に蒸気をあてて温めたのかもしれません。

冬の寒い日、長屋王邸の人々は把手付きの平瓶に自家製の酒をたっぷり満たして燗をつけ、一段仕込みの甘くて温かい酒を、これも

また自家製の土師器の杯で飲んで、心地良い気持ちになったことでしょう。寒い時節の燗つけ酒は、この世に存在する飲み物の中で、これ以上至福なものはないと思うほどありがたいものです。

しかし、この燗つけ酒も寒い時節に限られていたようです。夏の暑い時節には、やはり冷たい飲み物が欲しくなります。長屋王邸では、夏の暑い時節、実にハイカラな酒を飲んでいました。氷を浮かべて飲む酒、つまりオンザロックです。

発掘された長屋王家木簡の中に、都《つ》祁《げ》（現在の奈良県天理市から奈良市にかけての地域）氷室に関するものがあります。氷室は、夏に使う氷を冬場に採集して保管しておく室で、土を掘り下げてつくったものです。梅雨明けの暑さの厳しい時期に、この氷室から長屋王邸に氷が運び込まれていたことが木簡に書かれています。

暑さにうんざりしていた長屋王邸では、さっそく酒に浮かべ、オンザロックを飲んでいたのでしょう。当時の酒は甘味の濃厚なものだったようなので、氷で割った酒はさっぱりして、暑気払いには最高の飲み物だったはずです。その時に使う器は、やはり自家製で、少し大きめの土師器の杯だったと思われます。

時代は下り、いつのころからか、重陽の節句（九月九日）から翌年の桃の

『紫式部日記絵巻』五島本第三段。寛弘５年11月１日の皇子誕生50日目，酔った公卿が女房たちと戯れる様子が描かれている（部分。鎌倉時代。五島美術館蔵）

節句（三月三日）までの寒い時節は酒を温め、暖かい時節は冷酒で飲むというように、酒の飲み方の目安ができあがっていきました。

平安・鎌倉時代の酒の器

『紫式部日記絵巻』は、寛弘五（一〇〇八）年から同七年正月にかけて書かれた『紫式部日記』をもとに、十三世紀に描かれたものです。その第三段には、皇子誕生五十日目の祝宴の様子が描かれており、当時の高級貴族の飲酒習慣の一端がうかがえます。

祝宴といっても、個人の前に膳はなく、徳利も酒盃もありません。あるのは大きめの酒注ぎが一つと酒盃が一つだけです。当時の飲酒の習慣が「回し飲み」だったことがわかります。

では、その酒注ぎと酒盃は、どんなものだったのでしょう。日記と絵巻が

青白磁刻花唐子唐草文瓶。梅瓶は武士層に好まれ，武家屋敷跡での発見例が多い（高さ29.5cm，宋，13世紀。京都国立博物館蔵）

書かれた時期には約二五〇年の隔たりがあるため、絵の中にある酒器が、実際の祝宴で使われたものであるとは限りませんが、当時の酒の器について考察してみます。

この絵には、中央に酒盃を持った公卿と、その向かいに酒注ぎを持った公卿が描かれています。『紫式部日記』には、「大夫かはらけとりて、そなたに出で給へり」とあり、その記述どおり、大夫（中宮大夫斉信）が「かわらけ」（土器）を持っています。かわらけの酒盃は、平安貴族が祝宴などの儀式に好んで使っていたもので、鎌倉時代にもそのままの形で使用されていました。

酒注ぎについては、『紫式部日記』に記載がないので、実際になにを使っていたのかわかりません。『紫式部日記絵巻』に描かれた酒注ぎを見てみると、表面に草模様のような絵付けが施されており、その形から瓶子《へいし》と見受けられます。

十二、三世紀、中国・宋時代の磁器が大量に日本に入ってきました。中国磁器は主に上層階級に使われていましたが、その中の酒器「梅瓶《めいびん》」を手本に

古瀬戸黄釉牡丹唐草文瓶。小さい口，丸く張った上部など，梅瓶とよく似た特徴をもつ（高さ31.4cm，神奈川県鎌倉市十二所出土，14世紀。東京国立博物館蔵）

瀬戸窯でつくられたのが瓶子です。

須恵器の一大生産地だった猿投《さなげ》山西南麓古窯群の中に位置する瀬戸は、もともと焼き物の素地のあった所です。中国で禅と製陶技術を学んだ加藤景正《かげまさ》が、帰朝した安貞元（一二二七）年に、良質の陶土を産する瀬戸で焼いたのが瀬戸焼の始まりです。

瀬戸焼の瓶子が登場した十三世紀の前半には、草文様などの自然をモチーフにした絵が多く描かれていました。また、その形態は、大きく分けて、腰からしぼんで裾の広がった「柳腰」といわれるものと、筒型のものがあります。

前者は神饌具として使用され、その形は土師器の御神酒徳利になって現代に受け継がれています。神前結婚式での三三九度に使われる素焼の瓶子がそうです。後者は宴用の酒器として、また水などの液体を入れる容器として使われていました。これが後の世に登場する徳利の元祖であるといわれています。

この筒型の瓶子が、『紫式部日記絵巻』に描かれている酒注ぎではないか

瀬戸灰釉瓶子。一対で発掘され，「正和元年」の銘がある。製作年代が特定できる最古の瀬戸焼（高さ31.8cm。岐阜県・白山長瀧神社蔵）

と思われます。『紫式部日記』は一〇一〇年ごろの作なので、まだ瀬戸焼の瓶子は存在していません。鎌倉時代の絵師が、平安時代の日記を絵巻として描くにあたって、鎌倉時代の酒器をモデルにしたとも考えられます。

　では、『紫式部日記』が書かれた平安時代中期の酒宴に使われた酒注ぎとは、一体どんなものだったのでしょうか。平安時代の飲食器については残っているものが少なく、中でも酒器については明確な記録がないため、どんなものを使っていたのか断定は困難です。鎌倉時代の絵師が瀬戸焼の瓶子を描いたのもうなずけます。紫式部が日記に「酒注ぎはどのようなものを使った」のかを書いていてくれたなら、瓶子とは違った酒器が描かれたかもしれません。

　残されている乏しい資料から、『紫式部日記』の当時に使われた酒注ぎを推測してみます。

　五世紀に始まった須恵器は、その後全国各地に広がり、生活の中にとり込まれていきますが、その一方、低火度で焼ける手軽さから、土師器も食器として使用され続けます。

　そんな中、焼き物の世界に画期的な出来事が起こります。表面をガラス質の釉薬でまとった、美しくて耐水性に優れた焼き物が登場したのです。

　人工的に配合された初めての釉薬は、八世紀の文献『正倉院文書』に見られます。その釉薬を使用した陶器が「奈良三彩」です。唐三彩の影響を強く受けていますが、釉薬のかけ方、色に相違点があります。焼き物が盛んだった当時の基礎技術の高さが、日本独特の奈良三彩を生んだといえそうです。

奈良三彩の色は、白、緑、黄（褐）の三色ですが、その中の緑一色だけのものが緑釉陶器です。緑釉は珪酸塩に酸化銅を混ぜてつくられたものです。

緑釉陶器は当時貴重品だった中国磁器の代替品として盛んにつくられるようになります。これには、九世紀初頭に入ってきた喫茶の影響もあったのでしょうが、その後、お茶の領域から抜け出して、食器としてもつくられるようになりました。消費地の平安京に近い篠窯でも、須恵器のほかに緑釉陶器を焼くようになります。また、緑釉陶器の技法の伝播によって生産圏が広まり、需要を充たしていくようになります。

緑釉陶器の代表は、なんといっても「緑釉手付水注」（群馬県前橋市総社町山王廃寺跡出土）です。渋い緑色をした肌と端正な姿は貴族好みで、『紫式部日記絵巻』の公卿に持ってもらうと雰囲気はぴったりです。

平安時代、食器は土師器が中心で、緑釉陶器が少々、須恵器の杯や椀はさらに少ないといった具合です。須恵器は容器としての壺や甕のほか、すり鉢が主体になっています。

このような時代でしたから須恵器の酒注ぎ器は少ないのですが、美しいも

緑釉手付水注。中国陶磁を写した当時の水注の中でも，完成度の高いものの一つ（高さ24.4cm，平安時代後期。群馬県立歴史博物館蔵）

灰釉水鳥鈕蓋付平瓶。把手に尾羽のような飾りがあり，鳥の頭を模した蓋をかぶせると，平瓶全体が鳥を表現するようにつくられている（高さ25.8cm，長野県・金鋳場遺跡出土，平安時代前期。長野県立歴史館蔵）

のもつくられています。その一つが、平安時代後期の『江家《ごうけ》次第《しだい》』に「陶器鳥頸平瓶一口……」と書かれている器です。鳥の飾りを付けたこの平瓶は、『紫式部日記』の皇子誕生五十日目の祝宴に使ってもらいたい器の一つです。しかし、緑釉陶器に魅了されていた当時の宮廷人が、須恵器を酒宴に使ったかどうかは不明です。

『紫式部日記』当時の酒宴には、瓶子のような注ぎ器ではなく、「緑釉手付水注」のような緑釉陶器、または須恵器の平瓶、とくに「鳥頸平瓶」のようなものを使っていたのではないかと推察します。

皇子誕生の祝宴で飲んだ酒

紫式部が日記をつけていたころ、酒はどのようなものが飲まれたのでしょうか。平安時代の研究に欠かせない史料『延喜式《えんぎしき》』（九二七年）、『令集解《りようのしゆうげ》』（九世紀後半）などから当時の酒のことがわかります。この時代につくられていた酒の種類はとても多いのですが、大別すると、「御酒糟《ごしゆそう》」、「雑給酒《ざつきゆうしゆ》」、「新嘗会白黒二種料《しんじようえ》」、「釈奠料《しやくてん》」の四種となり、その中の「御酒糟」が上級酒で、宮中用の酒です。

御酒糟はさらにつくり分けられて、「御酒」、「御井酒《ごいしゆ》」、「醴酒《れいしゆ》」、「三種糟」、「擣糟《すりそう》」の五種類の酒となります。

「御酒」は、主に天皇用につくられる酒で、丹念に仕込まれます。この酒での祝宴はないでしょう。

宮中でとくに愛飲されたとされる酒は「御井酒」だそうです。この御井酒は秋口につくられる酒で、御酒はその製造方法から甘味の強い酒と考えられていますが、水の添加を少なくした御井酒は、それよりもさらに甘さが強く、粘稠性も強い酒であったそうです。

「醴酒」は夏の間につくられる酒で、氷室から運ばれた氷を入れた「水酒《みずざけ》」、つまりオンザロックで飲んだという酒でしょう。

「三種糟」は、原料の一つにもち米が使われた正月用の酒で、「擣糟」は発酵の終わったもろみを臼ですり、それを濾した酒です。

以上の五種類が宮中で飲まれていた酒ですが、全般に濃厚な甘味とトロリとした粘稠性があるのが特徴です。

さて、『紫式部日記』は寛弘五（一〇〇八）年秋の皇子誕生を中心とした日記です。秋口につくられる酒といえば「御井酒」です。この酒は、とくに甘味が強く、人気があり、当然祝宴にも使われたはずです。

平安時代最高の技術で仕込まれた一段仕込みの酒を、貴族好みの最高の技術でつくられた緑釉陶器の水注から、かわらけの酒盃にトロリと注いでいただく。なんと優雅なことでしょう。

この美しい焼き物は、平安時代で途絶えてしまい、代わりに猿投窯から派生した渥美窯や常滑窯《とこなめ》などが須恵器の伝統を引き継ぎながら、さらに高温域の焼き物を開発し、灰のかぶった、自然任せの素朴な焼き物に重点が置かれるようになります。このあたりが、日本人の焼き物に対する、素朴さを愛するという感覚がめばえた時期といえそうです。

平安時代も終わりに近づくと、焼き物も大量生産されるようになり、販路も貴族主導型から民間主導型になります。常滑窯、渥美窯ができたのもこのころです。さらに時代も進み鎌倉時代に入ると、越前焼、丹波焼、信楽焼、備前焼、そして瀬戸焼が出てきました。これらの窯からつくられた酒造用の甕、壺はさらに大型となり、酒づくりの技術向上に貢献していきます。

絵巻物の中の酒と器

二段仕込みの酒・天野酒

平安時代までの酒は、現在の酒とは性質が大きく異なっていました。一段仕込みであるがために糖化が進み、アルコール発酵は抑えられ、トロリとしたものです。アルコールが少々入った甘酒のようなものではなかったかと想像します。

その酒が変化したのは、鎌倉時代からです。この時代には、交換経済が発達し、商品としての酒の生産が増加します。従来、酒づくりは朝廷が主導権を握っていましたが、その技術が民間に流れていきます。そして朝廷に並ぶほどの技術をもっていた寺院や神社が、その有利な環境を活かし、利潤を追求した酒をつくりました。

寺社が醸造した酒を総称して「僧《そう》坊酒《ぼうざけ》」といいます。代表的なものは「天野酒」で、これは河内長野の名刹・天野山金剛寺で醸され、この寺の山号をとって名付けられました。後年、豊臣秀吉も愛飲したという酒です。天福二（一二三四）年の『金剛寺文書』には、この酒に関する記載があり、そのころから醸造されていたと考えられています。

河内の守護・畠山氏が例年幕府に献上したこともあって、天野酒の名は世に広まり大変な人気を博したということです。小野晃嗣著『日本産業発達史の研究』によると、『蔭凉軒日録』の長享三（一四八九）年三月二十六日には「天野無比類」と記され、『鹿苑日録』の慶長八（一六〇三）年一月十七日には「美酒絶言語」と絶賛されていることから、高い人気が継続していたことがうかがえます。

天野酒の仕込み方法が、南北朝から室町初期の酒づくりについて書かれた『御酒之日記《ごしゅのにっき》』に著されています。

「あまの、にかもなきのうまい一斗一夜ひやし候、あけの日ニ能々むし、これも冬之酒ニ候間、人はたにてかうし六升合作入候、水一斗ハかり入候、席ヲかけて可置候、四五日程内くつるき候ハ、成出き候ハ、小合をすへし、是もからミ出来候ハヽ、よいより米一斗ひやし、あけの日能々むしこれも席之上ニて能々さまし、かうし六升合、以前作候酒ニ入候水一斗入かきまセ候、わき出来候ハ、かめニニくミわけ候、米三斗むしてあいてしかけ候、かうしは六升如前、口伝秘々」

これを読むと、酒の仕込みに大きな変化が起こったことがわかります。

まず、「冬之酒ニ候」とあり、寒い時期に醸造する「寒仕込み」を実施していることです。それまでは年中つくっていたのですが、寒仕込みの有利さを発見したのでしょう。この寒仕込みの方法は、今日の酒づくりの基本となっています。

次に、二段仕込みを行っていることです。蒸し米一斗に麹六升、水一斗の「元」をつくり、同じ配合のものを混ぜて一回目の仕込みをし、その後、二回目の仕込みを行っていますが、蒸し米の量は三斗と増えます。これは、従来の一段仕込みから脱却したもので、今日の多段仕込みの考えの基本になっています。

「元」は今でいう酒母のことで、蒸米、麹、水を低温で混ぜて仕込み、酵母を増殖させたものです。その元をもろみ仕込みの際に、蒸米、麹、水とともに加えるのです。そして、周りの環境を清潔にしておけば、野生酵母の侵入を防いで安定した品質の酒ができます。また、二段に分けて仕込むことで、酵母の発酵を促進し、アルコールも増えるのです。

奈良・平安時代の酒は一段仕込みだったことから、甘味が濃厚でアルコール分は低く、一％から五％くらいと考えられますが、二段仕込みの方法ではアルコール分が高くなって、その分甘味も軽くなり、飲み心地が良くなったはずです。寒仕込みと二段仕込み、今日の酒に近づいた酒といえます。

造り酒屋の展開

酒造技術の進歩と、醸造する容器との関係は密接で、奈良時代に一段仕込みの酒が開発された要因の一つは、須恵器が生まれ、従来の甕に比べて丈夫でより大型のものがつくられるようになったことでした。

では、二段仕込みが開発された鎌倉時代はどうかというと、やはり窯業技術が発展した時代です。

十二世紀の中ごろを過ぎると、貨幣経済が社会に浸透していきます。それまでの自家醸造的な酒を市場で商うという売買形態も変化し、専門の造り酒屋が全国に展開していった時代でもありました。

酒屋も商工業とともに発展します。そんな中、公家、寺社の保護を受け、商品の販売独占権をもつ、中世商工業者の同業組合「座」が生まれます。特殊な技能を必要とする麹屋は、酒屋から独立した麹づくりの組合「麹座」をつくります。麹屋の麹を使って酒を仕込むのが酒屋です。このころ、とくに商業都市的性格が強くなっていった京都では、十五世紀初めの調査によれば「酒屋」が三百軒を超えていたということです。

造り酒屋が発生し、売る側と買う側、つまり酒の流通が生じると、流通用の器が必要になってきます。この時代は、越前焼をはじめ瀬戸焼、信楽焼、丹波

焼、備前焼など、土地に適した窯と焼成方法で個性的な製品が生産され、とくに壺や甕が大量につくられました。市でも壺が売られ、この大量の壺や甕が、盛んになった酒づくりを支えていたのです。

酒の供給量が増大していった建長四（一二五二）年、鎌倉幕府は「沽酒禁《こしゅきん》制《せい》」を出しました。この禁令は、民間の自家醸造と鎌倉市中での酒の販売を禁止し、酒壺の破棄を命じたものです。一軒につき一個だけは免除されていましたが、それでも破棄された酒壺の数は三万七二七四にも上ったということです。

『絵師草紙』に見る酒の器

僧坊酒、酒屋の酒が飲まれていた鎌倉から室町時代末期、食器には漆器が多く使われるようになります。その中でも根来《ねごろ》塗りは種類が多く、人気のある器でした。

根来塗りは『紀伊名所図会』（一八四五年）によると、「中古根来寺の繁昌なりし時、山内の院に又谷々或いは坂本等にて朱漆の椀、折敷を製す。……居尻《いとぞこ》に天文（一五三二－一五五五年）・天正（一五七三－一五九二年）年間の銘殊に多し、いつの頃より製せしや詳《つまび》らかならず」とあり、始まりははっきりしていません。ただ、根来寺の開創が保延六（一一四〇）年ということと、十四世紀前半の作といわれる『絵師草紙』に根来塗りが描かれていることなどから、居尻（糸底。器の底

『絵師草紙』の「宣旨を読み聞かせる絵師」（部分。14世紀。宮内庁三の丸尚蔵館蔵）

の部分）に書かれている銘の年号より早い時期に始まったと考えられます。

『絵師草紙』は、ある宮廷絵師一家を描いた絵巻物です。この中で使われている器について、二つの場面から見てみます。

一つ目は「宣旨を読み聞かせる絵師」の場面です。束帯を着て、綸旨《りんじ》を読んでいる人物が、絵師本人です。綸旨には「伊予国の内なる所領を知行せよ」と書かれており、朝廷から退出してきたばかりの絵師が、家族を集めて、得意気に読み聞かせています。

絵の上中央、長柄銚子《ながえのちょうし》が炉端に置かれ、その右には朱と黒の盃が置かれています。炉の中には、燗つけ用の提子《ひさげ》（鉄瓶）が置かれ、左端の棚の下段には、やはり朱と黒の大きな椀と青磁らしき水注などが置かれています。長柄銚子と提子、盃は、いずれも酒の器です。

『絵師草紙』の「乱舞一声の絵師一家」,「縁を踏み抜く使用人」(宮内庁三の丸尚蔵館蔵)

この『絵師草紙』に見られる朱と黒の盃と大きな椀は、当時人気のあった根来塗りでしょう。なぜかこの場面には、酒の器が出されています。昨晩の名残でしょうか、それとも今晩の用意をしているのでしょうか。

二つ目の場面は、「乱舞一声の絵師一家」です。朝恩によって伊予国を賜った嬉しさに、家族、親戚縁者を招いて祝宴を開き、大騒ぎしている風景です。

寒い時期なのでしょう、中央の板敷に置かれた蒔絵の炭櫃《すびつ》には炭火がおこっています。各人の前にある角盆には、料理を盛ったかわらけの椀が三つのっていて、右上の頭巾をかぶったお婆さんは、機嫌良さそうに大きなかわらけの盃を持っています。その盃には、濁り酒がなみなみと注がれていますが、この酒は、当時おいしいと評判の高かった二段仕込みの酒「天野酒」に違い

『大酒ノ大会』（国立歴史民俗博物館蔵）

ありません。盃を持っているのはお婆さん一人で、各人の前に盃はありません。回し飲みが当時の習慣だったことがわかります。

　回し飲みは古代からの伝統で、神祭に集まった人々が、神に捧げた酒を回し飲みしたのが始まりだと考えられます。平安時代に書かれた『紫式部日記』にも回し飲みの情景がありますし、江戸時代には式正《しきしょう》の場で大盃が座を巡ったという記述もあります。現代でも回し飲みの習慣は引き継がれていて、結婚式の親族固めの儀式などで行われます。また、一献どうぞと言いながら、盃を持って座を巡る風景は、一般の酒宴でもよく見受けられます。昔から、一体感を得るための術だったのかもしれません。

　この場面の下方中央部に、酒を満たした、把手と注ぎ口のついた鍋のような形のものがあります。これも提子で、酒を沸かしたり、注いだりするものです。

　おもしろいことに、家庭の中に二種類の酒の器があります。

　一つは、長柄銚子と根来塗りの盃、椀と鉄瓶形の提子です。長柄銚子は、両口の注ぎ口の鍋に長い柄をつけたもので、離れた位置から注ぐのに便利な器です。鉄瓶形の提子で燗をつけ、長柄銚子に移します。そして、長柄銚子から塗り物の盃に注いでもらい、いただくのです。

　もう一つは、かわらけの盃と椀、鍋形の提子です。この場面での注ぎ器は、鍋形の提子です。提子は、酒を沸かしてそのまま運ぶこともできますし、注ぎ器にも使えます。提子で注ぐには、相手に近づかねばなりません。その分、親近感も増すことになります。

　器は、酒を飲むという行為の性質によって使い分けられます。離れて注ぐ器と近づいて注ぐ器、その場の雰囲気に合わせた器の使い分け、見事な心理的演出が見て取れます。

　長柄銚子と提子はともに酒の注ぎ器ですが、江戸時代には急須形をした銚子に姿を変えます。

覚如の伝記絵『慕帰絵』。和歌の会の場面には，鎌倉から南北朝にかけて使われた焼き物，青磁などが数多く描かれている（部分。14世紀。西本願寺蔵）

江戸末期の歌川国芳（一七九七―一八六一年）作『大酒ノ大会』には、『絵師草紙』と同じ鉄瓶形と鍋形の提子が描かれています。この時代にはおいしい酒ができて燗徳利が主流となっていましたが、大酒飲みの大会は酒の質より量を優先しますから、大容量の提子が適していたのでしょう。

神饌具として伝統のあるかわらけは、神との一体感を醸し出すため、厳粛な儀式に使われます。『絵師草紙』に描かれた宮廷絵師の家庭でも、朝廷からのありがたい宣旨を賜るにあたって、厳粛な祝宴を執り行ったのでしょう。そのためにかわらけの器を使ったのですが、酒が進むにつれ、酩酊して踊り出したり騒いだり、いつの時代も同じ酒宴風景です。

ところで、この『絵師草紙』には、酒を運ぶ器も描かれています。祝宴の場面の続きに書かれている「縁を踏み

抜く使用人」の絵です。壺を抱えた使用人が破れ縁に足を踏み外し、壺からは酒が流れ出している風景が描かれています。このような壺が、当時の酒の運搬容器だったのです。

『慕帰絵』に見る酒の器

『慕帰絵』は、本願寺三世・覚如（一二七〇―一三五一年）の伝記絵で、観応二（一三五一）年の作といわれています。鎌倉から南北朝時代にかけての焼き物、塗り物の器、また、中国渡来の青磁などが描かれており、それらの使われ方がかいま見えます。第六巻第二段の場面では、覚如の坊舎において、お客を招いて和歌の会を催し、その傍らで、僧らが忙しく食事の準備をしている風景が描かれています。

折敷《おしき》が各人の前に置かれています。この折敷は朱色の塗り物で、その上にはかわらけの椀がのっており、絵の下方にもかわらけの椀がたくさん置かれています。『絵師草紙』と同じく、ここでもかわらけの器が使われています。和歌の会という宴会の性質上、厳粛な雰囲気づくりが必要だったのでしょう。そのような宴会には、かわらけを使うというのが、当時の感性だったのかもしれません。

宴会の性質によって器を使い分けるという方法は、今日でも残っています。結婚式などの祝儀、葬儀などの不祝儀の宴に使われる器は、ほとんどが磁器製です。端正な磁器から得る感覚は、厳粛さ、冷たさです。反対に無礼講の酒宴に使われるのが、陶器の酒器です。土の焼き物から受ける素朴さ、暖かさは、楽しい雰囲気を盛り上げます。このように、使われている器が、その場の雰囲気を教えてくれます。

この『慕帰絵』にはもう一つおもしろいものが描かれています。図中下方、鼠色の被風《ひふ》をまとったお坊さんが青い瓶を重そうに抱え、白い僧衣を着たお坊さんの持つ柄付きの器に酒らしき液体を注いでいます。その横には、瓶と同じような色の大きな鉢が二つあります。この青い色をした器は、おそらく中国・南宋時代の青磁でしょう。

『慕帰絵』が描かれた鎌倉時代は、南宋の青磁や白磁の瓶子、壺、水注、鉢などが多く渡来した時代でもありました。お坊さんが重そうに抱えている青い色の容器は、中国では梅瓶と呼ばれているもので、酒を入れる青磁の瓶子です。

塗り物、かわらけ、青磁など、バラエティに富んだ器は、食文化が発達し、精神的にも豊かな時代であったことを想像させます。そして、ここで飲んでいる酒も、二段仕込みの酒「天野酒」でしょう。

樽・銚子・徳利の登場

諸白づくりの酒

今日の多段仕込みの酒の先駆けとなった「天野酒」は、約三五〇年という長い間人気を博しました。しかし、室町時代も終わりに近づくころ、さらに今日の酒に近づいた酒が現れます。奈良・興福寺の塔頭《たっちゅう》・多聞院でつくられた「諸白づくり」の酒です。この諸白づくりの酒は『多聞院日記』に出てきます。

『多聞院日記』は多聞院の僧・英俊らによって文明十（一四七八）年から元和四（一六一八）年まで書かれた日記で、中世から近世への発展過程を知ることのできる貴重な資料です。

その中の永祿十一（一五六八）年の正月には三段仕込みの記述が、天正十（一五八二）年一月三日には「酒ノ桶」の記述が見られます。酒の仕込みが、それまでの二段仕込みから三段仕込みに変わっています。また、仕込みに大桶を使っています。

加藤百一著『日本の酒５０００年』（技報堂出版）によると、「諸白」という言葉が最初に使われたのは、『多聞院日記』天正四年五月十四日の「ヒワタヤヨリ諸白ス、一対、ツケ物来」の記述であるということです。

諸白について、元祿時代に書かれた食に関する本『本朝食鑑』には次のように著されています。

「近代、酒ノ絶美ナルモノヲ呼ンデ諸白トイフ。白米白麴ヲ以テ之ヲ造ル。故ニ名ヅク……」

つまり、今の日本酒と同じように、原料米をよく搗いて白米としたものを使って仕込んだから、諸白といったのです。また、江戸時代末の『守貞漫稿』には、「諸白は世界第一の上品となすべし」とあることから、諸白づくりの酒の評判のほどがわかります。

酒の消費が格段に増えたこの時期は、酒造技術が確立され、その技術に応えるために周辺の器具が整えられていった時代でもあります。

鎌倉時代から室町時代末にかけては、二段仕込みの新しい酒造技術がめばえ、その仕込みに対応できる硬質で大型の壺や甕が大量に生産されましたし、その酒をおいしく飲むための器も生まれました。

室町時代末ごろから始まった三段仕込みの諸白づくりは、大量生産を可能にした醸造法であるために、より大型の器が要求されることになります。諸白づくりに三石（五四〇リットル）の大甕を使った記録がありますが、大型の甕は生産に時間がかかるため、需要に追いつかなくなります。そして出てきたのが「酒ノ桶」です。

仕込みに使用されていた杉桶（勝屋酒造提供）

大量生産を可能にした桶

桶には「曲物《まげもの》の桶」と「結桶《ゆいおけ》」があります。曲物の桶は飛鳥時代からつくられていたようで、さまざまな生活用品を入れる容器として盛んに利用されました。曲物は、木口から割った柾目《まさめ》板、つまり一枚の薄板を曲げて円筒状にするため、原木のサイズに制限されて大きなものができないのが欠点です。

室町時代に入ると、日本に「のこぎり」と「かんな」が入ってきて、大型の桶がつくられるようになります。結桶は、短冊形に割った木の板を円筒形に並べ、それを割いた竹の箍《たが》で締め、底をはめたものです。強度のあるかなり大きな桶ができます。明応三（一四九四）年の『三十二番職人歌合』には「結物桶師」が描かれており、すでに職業として成り立っていたことがわかります。

従来は焼き物の甕を使って酒を仕込んでいたのですが、その量は三石が限度でした。しかし桶になったことで、天正十（一五八二）年には十石（一八〇〇リットル）、さらに慶長十四（一六〇九）年には十六石（二九〇〇リットル）もの大きな酒桶が使われたということです（『日本酒ルネッサンス』）。陶製の五倍強の大容量です。三段仕込み法が完成し、仕込み容器が桶になり、大量生産が可能になったのです。

縄文時代の土器（有孔鍔付土器）に始まって、須恵器の甕、鎌倉時代には常滑焼のより大型の陶器の甕、そして、さらに大きくなったのが、室町時代末期ごろの杉を使った桶なのです。

その後、桶の素材である杉が酒の象徴になります。正徳三（一七一三）年の『和漢三才図会』には、酒屋の軒先にかかっている杉の葉でつくられた杉

玉のことを「酒林」と呼ぶ、とした上で、次のような記述があります。

「近世倭ニ用所ノ望子ハ多杉ノ葉ヲ束テ之為ル、形鼓ノ如、凡酒ノ性杉ヲ喜テ、杉材ヲ用テ酒桶ニ作、杉柿《コケラ》ヲ酒中ニ投スル之類亦然リ也……」

「酒ノ性杉ヲ喜テ」と書かれているのは、おそらく杉桶からしみ出た杉の香が、酒好きの心をとらえたということでしょう。そして、杉のコケラ（削りくず）までも酒の中に投じて杉香を楽しんでいることを、「然リ也」とあきれていたのかもしれません。このように、杉が酒の象徴になって、杉の葉でつくられた杉の玉「酒林」が看板（望子＝幟）として酒屋の軒先に飾られるようになったのです。

杉桶は大正時代末期までの大変長い間使われました。その後、ホーロータンクに変わりますが、酒林は酒屋の看板として引き継がれているのです。

運ぶ器・樽の出現

酒づくりの歴史を振り返ると、酒造技術の変革期には必ずその技術に対応した容器の製造技術が整い、お互いに影響し合って、ともに発展していったことがよくわかります。桶づくりの技術は、大量に生産されるようになった酒を広域に流通するための「運ぶ器」を生みます。それが「樽」です。

桶と樽との違いは、蓋の有無です。桶には蓋がありません。桶は酒をつくる容器となり、より大型に、樽は大樽と小樽に分かれ、大樽は造り酒屋－酒問屋－酒仲買人－小売酒屋へ、小樽は小売酒屋－消費者へというように、運ぶ器として活用されます。

鎌倉時代、商品は「回船」と呼ばれる船で海上輸送されていました。江戸時代初期には油、酢、醤油、酒、木綿

住吉具慶筆『洛中洛外図巻』。この図巻は，京都の市中から郊外へ至る光景を描いたもので，当時の年中行事や四季の変化が巧みに表現されている。図中右下の酒屋の屋根に置かれた甕は防火用水となるもの（部分。17世紀。東京国立博物館蔵）

などを大坂から江戸に送る定期船となり、それを「菱垣《ひがき》回船」と呼ぶようになります。

その後、享保十五（一七三〇）年に酒問屋が独立、酒樽専門の回船問屋を成立させて「樽回船」を就航させます。船は大型化され、輸送量は飛躍的に増加。隆盛時には年間百万個以上の酒樽が大坂から江戸に運ばれたそうです。いかに大量の酒が江戸で消費されていたかがわかります。この樽回船で運ばれたのが、大型の四斗樽（七二リットル、一升瓶四十本分）です。そして、その樽を満たしていたのは、諸白でした。

一方、小樽も酒屋と消費者を結ぶ流通用の容器として発展します。小型の樽を運びやすくするために柄を付けたのが、京都の「柳の酒屋」でした。柳の酒屋の独自の販売方法は、今日の酒の流通の原点になっています。一つは酒の銘柄の特定であり、もう一つは配達用に「結樽《ゆいだる》」を使ったことです。

結樽とは、板を円筒形に並べ、箍で締めてつくる樽です。室町時代初頭に柳の酒屋が開発した柄付きの結樽は、表面に木目を活かした素朴感のある樽で、「柳樽」と呼ばれました。

江戸時代の町の様子を描いた図には酒林が多く目につき、酒屋の繁栄ぶりがうかがえます。

そのうちの一つに十七世紀に描かれた『洛中洛外図巻』があります。これは、京都の年中行事や自然が表現されたものですが、市中の図には、いろいろな店屋が描かれています。図中、上方に魚屋、陶磁屋、餅屋などが並んでいます。右下の白壁が酒屋です。市中の賑わいや話し声が伝わってくるようです。

酒屋の軒先に、杉の玉が吊り下げられていますが、これが酒屋の看板「酒林」です。二階の窓からは酒桶が並んで置かれているのが見え、一階の蔵の中では仕込み桶が並び、手桶を持って男の人が立ち働いています。通りに面した店の出入口から、手代らしき小僧さんが小樽を提げて出てきたところです。配達に出掛けているところでしょうか。小僧さんが提げている柄付きの小樽、これが柳の酒屋が開発した、配達用の一升入り「柳樽」です。

　柳樽のほかに、漆仕上げの美しい「指樽《さしだる》」も登場します。指樽は板を差し合わせてつくった箱型の樽で、祝い事などで使用されました。『守貞漫稿』には、「箱にさしたる酒器なり。足利比よりこれありて、結樽とともに並び用ひしなり」とあります。柳樽のように柄が付いた小型の結樽を総称して手樽《てだる》といいます。手樽には角樽《つのだる》、兎樽《うさぎだる》、太鼓樽《たいこだる》など多くの種類があり、漆仕上げも華やかに美しさを競います。容量は用途に応じ一升から三升くらいです。

『大日本物産図会』の「摂津国新酒荷出之図」。各地の産業や特産品を描いた3冊の錦絵集で，1877年，大倉孫兵衛が出版。画工は三代広重と呼ばれる安藤徳兵衛（早稲田大学図書館蔵）

　このような美しい器は、酒のもつ神秘さ、神聖さなどの特性をさらに引き立てる役目を担うもので、祭礼や祝儀用として使われ、今日まで酒を運ぶ器として続いています。江戸期に焼き物の指樽や手樽がつくられていますが、重さや脆さなど使い勝手の悪さから、木製の樽にかなわず、数は少ないようです。

　樽回船は隆盛を極め、酒を提供する料理屋や料亭などが増えます。客をもてなす酒器もバラエティに富み、江戸の町を賑わせたのです。

「火入れ」による殺菌

　醸造元から長い時間をかけて遠くの消費地まで酒を運ぶことを可能に

左：貧乏樽（高さ38cm。菊正宗酒造記念館蔵）
下：黒漆指樽（左。高さ31cm，江戸時代後期）
とらでん指樽（高さ34cm，江戸時代中期）。指樽は板を差し合わせてつくられたもので，祝い事で酒を贈る際などに使用された（菊正宗酒造記念館蔵）

上：兎樽。胴が丸くて兎のような形をしている。山形・庄内地方では角樽同様祝い事に使われた（高さ60cm。致道博物館蔵）
右：把手が角のように大きくつくられた角樽。現在でも祝儀，祭礼などの場で飾られる（高さ60cm，明治時代。菊正宗酒造記念館蔵）

したのは樽ですが、もう一つ見落としてはならない要因が、酒の品質を落とさないための技術です。

酒はしぼり立てのままでは腐敗したり、濁ったり、異臭がしたりしてきます。これは日本酒に起きやすい現象で、「火落菌《ひおちきん》」と呼ばれる細菌の仕業です。この火落菌は乳酸菌の一種で、酸性を好み、アルコールがあることが生育の条件ですので、日本酒はかっこうのすみかです。ただ、火落菌は熱に弱いので、熱を加えることで殺菌できます。酒を六〇度程度で熱処理すると火落菌は完全に死滅し、品質を保持することができるのです。この低温加熱法を「火入れ」と呼びます。火入れをしていないものを生酒といいますが、そのままでは酒質が劣化するので、その年の春ごろが限界です。

低温殺菌法の火入れの初見は、『多聞院日記』の永禄十一（一五六八）年六月二十三日の「酒ニサセ樽へ入了」の記述です。「酒ニサセ」は酒を煮る、つまり酒に熱を加えることです。その当時の火入れの温度は、『日本酒ルネッサンス』によると、「大体五〇－六〇℃で五－一〇分保ったと考えられている。これは今日の火入れの条件とほぼ一致する」とあります。室町時代末期に発明された低温殺菌の技術は、今日にも活かされており、これによりおいしい酒が安心して飲めるのです。

酒が腐って飲めなくなる原因が火落菌であることを室町時代の蔵人が知っていたとは思えません。もちろん火落菌という名前もありませんでした（火落菌の名称は、明治三十八年に鳥居巌次郎氏が初めて研究報告に使用〔秋山裕一『日本酒』岩波新書より〕）。酒が腐敗することを現実的な現象として認識していた彼らが、低温加熱という独自の技術を開発したきっかけは、日本酒独特の飲酒習慣「燗つけ」にあるのではないかと思うのです。

「火入れ」は、フランスのパスツールが一八六五年に発表した殺菌法（パスツリゼーション＝低温殺菌法）と同じ方法です。日本酒は、ブドウ酒より三百年以上も前から、日もちの良い安定した品質のものがつくられていたのです。

また、『多聞院日記』に「樽へ入了」とあることから、火入れ後に樽に詰めたことがわかります。容器の樽や桶は木製のため、完全に殺菌するのが難しいのですが、品質の劣化もなく遠方の地に酒を運ぶことができたのは、低温殺菌法という技術が発明されていたからにほかならないのです。

室町時代の花見と紅葉狩り

室町時代後期ごろの春の花見風景を

『月次風俗図屏風』第２扉（８曲１隻，16世紀。東京国立博物館蔵）

描いた屏風絵に『月次《つきなみ》風俗《ふうぞく》図《ず》屏風《びょうぶ》』（十六世紀）があります。この中に、当時の花見の様子が描かれています。

上方では、女性と子供の一団が満開の枝垂れ桜を眺め楽しんでいます。また、下方の桜の木の下では、武士と僧侶が派手な酒宴を開いています。左下、小姓が長柄の銚子でお酌をしていますが、これを受ける人物が持っているのは、驚くほど大きな漆の大盃です。そのような盃は、各人の前に見当たりませんから、回し飲みをしているのです。

絵の中央付近には酒の入った多くの柄樽が置かれており、当時の酒量の多さには驚かされます。中身の酒は当時評判の「諸白」でしょう。石橋の向こう、幔幕の中では料理の準備が進んでいます。柄樽から直接長柄銚子に酒を移す様子が描かれており、冷や酒であることがわかります。その横では調理人が働いており、魚をさばいている人

狩野秀頼筆『高雄観楓図屛風』（部分。6 曲 1 隻，16世紀。東京国立博物館蔵）

の横には大徳利が置いてあります。醤油や酢、油などを入れる容器を、当時から徳利と呼んでいました。今日では徳利といえば酒の容器ですが、この場面では酒ではなく、おそらく醤油などの調味料が入っているのでしょう。右上には風炉《ふろ》（湯を沸かすための炉）と茶道具が用意され、予備の長柄銚子や調味料入りの徳利が二本あり、大掛かりな花見であることがうかがえます。

同じく室町時代後期ごろの紅葉狩りの風景を描いた障屏画に『高雄観楓図《たかおかんぷうず》屛風《びょうぶ》』（狩野秀頼筆、十六世紀）があります。これには武家の一団と女性たちの酒宴の様子が描かれています。

武家の一団は、二本のもみじの間の広場に円座を組んで、鼓《つづみ》に合わせて舞を楽しんでいます。春の花見の派手さに比べれば、過ぎゆく秋の風情を惜しみながらといった感じで、質素な印象です。左手前に三段重ねの重箱があり、その右側には赤い箱が二つありますが、よく見ると注ぎ口が付いています。これが、『守貞漫稿』に書かれている「箱にさしたる酒器なり」、つまり漆仕上げの指樽です。足利の時代から使われていたことがわかります。

　一方、女性の酒宴の場面を見ると、右側の大きな松の木の根元に重箱があり、その向こう側に柄の付いた樽が置かれています。花見の武家がたくさん持ち込んでいた樽と同じもので、これが「結樽とともに並び用ひしなり」の結樽の一種の柄樽です。

　武家の一団の酒器は、根来塗りの指樽に舶来品の青磁水注形の酒注ぎ、かわらけの盃の組み合わせですが、女性たちの方は、木地のままの柄樽に渡来品の白磁らしき大徳利の酒注ぎ、塗り物の盃です。酒器の組み合わせからも、花見や観楓時の精神性の機微がうかがえておもしろいものです。

　婦人の一団の中に描かれた大徳利が白磁だとすれば、中国からの輸入品です。その横に、風炉でお湯を沸かし、お茶を点てているお茶売りの人がいます。使っている茶碗は、やはり中国から輸入された磁器の茶碗です。鎌倉、室町は多くの磁器が中国から入ってきた時代でした。

　いずれの屏風絵でも、運ぶ器は大型の柄樽や指樽でしたが、その後、携帯用の器が発達していきます。その終着点ともいえる酒器は、二、三合入りの美しい塗り物の「酒筒」です。その形は樽形、箱形、三日月形、瓢箪形、刀形など凝った趣向で、携帯用につくられているため、盃が組み込まれていたり、腰に付けられるように湾曲していたりします。これらの携帯用の塗り物が後年隆盛を極めたことは、江戸時代中ごろ以降に描かれた芝居見物図の中で、観客の多くがお重や酒を携えていることからもわかります。

銚子の移り変わり

　銚子とは、もともとは鍋形の容器の両方に注ぎ口があり長柄が付いたものをいい、これは鎌倉時代から見られます。『絵師草紙』の「宣旨を読み聞かせる絵師」の場面や『月次風俗図屏風』に出てきた長柄銚子がそれです。「宣旨を読み聞かせる絵師」の場面には提子も見られました。提子は、本来汁注ぎだった鉄鍋が、酒の燗つけ専用になったものです。

　長柄銚子は「銚子」と呼ばれ、燗つけ器の提子と盃の間にありました。『絵師草紙』の絵のように、囲炉裏を囲んでの酒宴には適していますし、うやうやしく礼をつくす、もてなしの酒注ぎには向いています。注ぐ側と注がれる側の距離が、人間関係の距離感を

上：宮川長亀筆『遊女閑談図』。右の写真とほぼ同型の鉄銚子が描かれている（江戸時代中期。東京国立博物館蔵）
右：急須形で蓋付きの鉄銚子（高さ11cm，江戸時代後期。菊正宗酒造記念館蔵）
下：祝宴用に装飾の施された長柄銚子。現在でも結婚式などで使用される（長さ41cm，明治時代。菊正宗酒造記念館蔵）

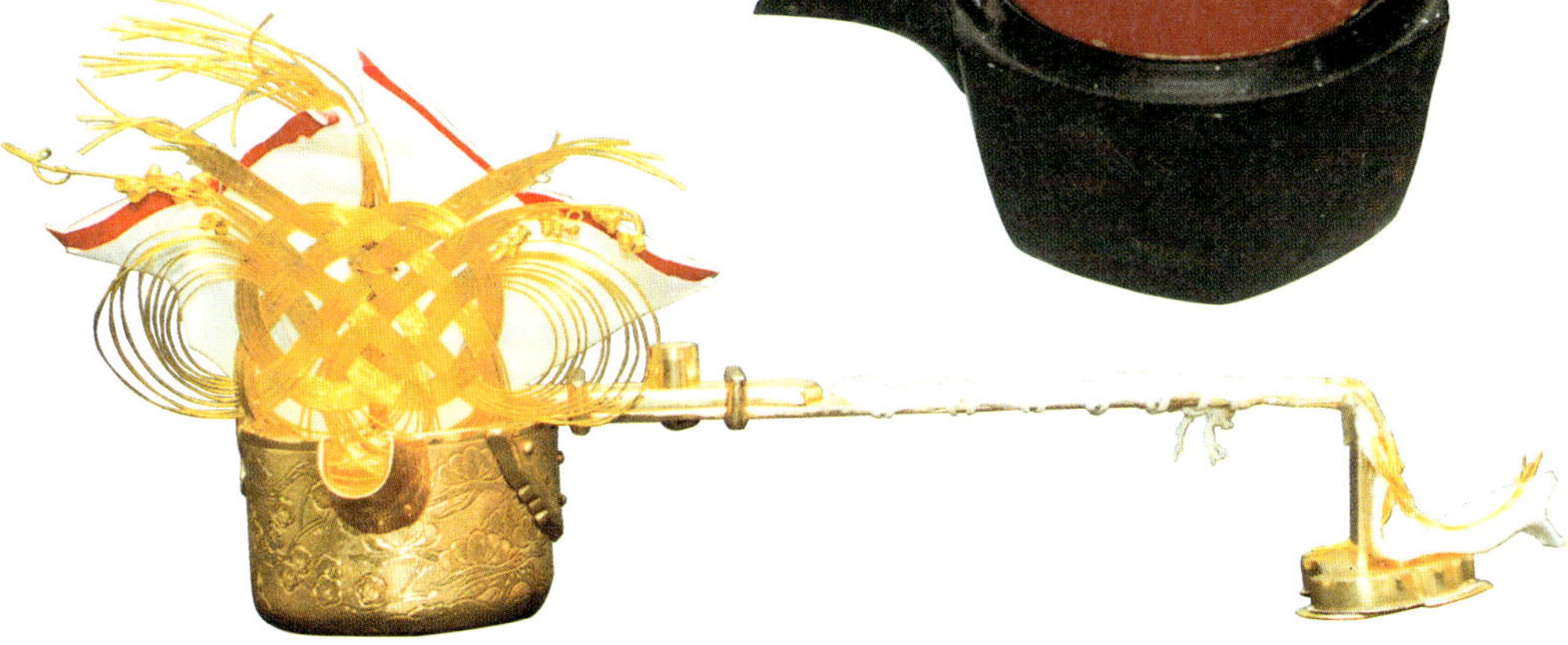

表しているようです。厳粛さを醸し出す雰囲気の長柄銚子は、現在でも神前での式、たとえば結婚式などに酒注ぎ器として使用されています。

江戸時代に入ると、燗つけ専用であった提子が「鉄銚子」と呼ばれるようになります。江戸時代の酒は、諸白づくりの清酒で、燗をつけて飲むのが一般的でした。当時は大量の諸白づくりの酒が大坂から江戸へ運ばれていた時代です。酒を飲ませる店も多くなって、人間同士の付き合いもおおらかになったのでしょう。本来の酒注ぎ器である長柄銚子が省略され、提子から直接盃に注ぐようになります。そして提子が「銚子」と呼ばれるようになるのです。

鉄銚子は江戸中期ごろに描かれた浮世絵によく登場します。当時の鉄銚子は、形も急須形になって使いやすく、直接火にかけることができるようになっています。

志戸呂焼の鉄釉銚子。全体に錆色の鉄釉が施されており，銅器を模してつくられたと思われる珍しい焼き物（高さ11.4cm，江戸時代前期。愛知県陶磁資料館蔵）

この鉄銚子も、やがて焼き物の銚子に変わっていきます。その様子が江戸時代後期の『寛天見聞記』に書かれています。

「予幼少の頃は酒の器は鉄銚子塗盃に限りたる様なりしをいつの頃よりか銚子は染付の陶器となり盃は猪口と変じ」、「酒は土器でなければ呑めぬなどといひ云々」（『原色陶器大辞典』淡交社）

江戸中期のころは鉄銚子と漆塗りの盃が使われ、その後、焼き物の銚子と猪口に変わったことがわかります。ここに書かれている「染付の陶器」は「磁器」の銚子のことであり、鉄銚子から染付銚子に変わっていく過渡期がこの時代だったようです。塗盃が焼き物の猪口に変わったのは、染付銚子の材質との不釣り合いから、感覚的なバランスをとったものと考えられます。

染付の銚子に変わっていった大きな

理由は、鉄銚子の材質にあったようです。鉄分が酒質に悪影響を与え、酒を劣化させることから、次第に鉄銚子は敬遠され、「酒は土器でなければ呑めぬ」ということになったのでしょう。なお、ここでいう土器は焼き物の意味で、おそらく陶器や磁器をさしていると思われます。

では、磁器の銚子はいつごろからつくられるようになったのでしょうか。「いつの頃よりか銚子は染付の陶器となり」と書かれた寛政年間より約二〇〇年ほど前の文禄・慶長の役（一五九二・一五九七年）の後、佐賀の唐津焼が盛んになって、徳利や猪口などが焼かれるようになります。同じ時期に佐賀藩の多久長門守に従って渡来した陶工・李三平によって有田に磁器窯が築かれ、元和二（一六一六）年に染付磁器が誕生しました。それから間もなくの寛永年間（一六二四－一六四四年）には、早くも銚子がつくられているのです。

染付銚子。江戸中期以降，鉄製の銚子に代わり，このような磁器のものが使われるようになっていった（高さ 8 cm，江戸時代後期。菊正宗酒造記念館蔵）

鉄銚子を参考につくられた染付銚子ですが、鉄銚子に比べ美しいものです。色絵磁器製の銚子などもつくられますが、これは大名など特定の使用に限られていたようです。実際に酒の器として一般の中に浸透していくのはずっと後で、「いつの頃よりか銚子は染付」の時代になったのです。

江戸後期には、この急須形の磁器が銚子と呼ばれるようになり、酒宴の場をもりたてますが、磁器の銚子では直接火にかけることができません。燗つけ機能をもつ別の器が必要になります。そこで生まれたのが徳利ではないでしょうか。

鍋にはったお湯の中に徳利を入れて燗をつけ、そのまま宴席に出せる手軽さと、酒質に合った温度調節の容易さによって、酒がより一層身近になって

上：色絵花鳥文銚子。緑地に黄，紫，赤，青の配色は古九谷磁器独特のもの（高さ16.7cm，江戸時代前期。東京国立博物館蔵）
下：「肥前伊万里陶器造図二」（安藤徳兵衛筆『大日本物産図会』，1877年。佐賀県立九州陶磁文化館蔵）

いったのだと思います。江戸時代の末期ごろには燗徳利が酒席の主役の座につき、お銚子一本といえば、燗徳利が運ばれてくるようになるのです。酒の席でも、相手の肩に手をかけて酒を注いだりと、さらに人間関係が親密になります。徳利は、無礼講の時代に適した器といえそうです。

このように、もともと酒を注ぐ器であった銚子は、時代とともに変わってきました。酒の質と飲まれ方が変わり、人と人との関わり方が変わったことを表現しているのが銚子なのです。長柄銚子から鉄銚子へ、鉄銚子から磁器の銚子へ、磁器の銚子から燗徳利へ、という変遷が、人と人との関係を表しているのです。

瓶子から徳利へ

では、現在「銚子」といわれている徳利は、どのように移り変わってきたのでしょうか。

『原色陶器大辞典』によると、徳利とは「陶製の瓶で一般に細長く首の締まったものが多く、酒・酢・醤油などを貯える」とあります。もともとは、液体を入れて保管したり運んだりする容器で、酒に限ったものではありませんでした。

七、八世紀、堅牢な焼き物である須恵器が運ぶ容器としても使われるようになります。『延喜式』に税の品目として鰹煎汁（かつおの煮汁）があります。これは、生産地である駿河の窯で焼かれた須恵器の長頸瓶に入れて都に運ばれたということです。そのほかに、醤油や油などを運ぶ際にもこのような長頸瓶が使われていました。

また、十三世紀ごろには中国磁器の酒器・梅瓶を参考につくられた瓶子が

有田焼の燗徳利（高さ14cm，江戸時代後期。森大亮氏所蔵，菊正宗酒造記念館提供）

唐津焼斑釉徳利（高さ27cm。金沢大学資料館蔵）

現れます。瓶子の多くは瀬戸窯で焼かれたもので、腰のすぼんだ形と筒形の二つがあり、前者はほとんど姿を変えることなく御神酒徳利として後世に引き継がれ、後者が徳利へと姿を変えていくのです。

徳利という言葉の初見は『宗長日記』といわれています。『宗長日記』は、宗祇の高弟で、旅に明け暮れた連歌師の宗長（一四四八－一五三二年）が、最晩年の享禄三（一五三〇）年から四年の生活を記したものです。その中の享禄四年八月十五日に「徳裏」が出てきます。その後、「土工李」、「陶裏」、「得利」など種々の字が当てられましたが、現在は「徳利」に落ちついています。

長頸瓶や瓶子という名があったのに呼び方が変わったのは、「瓶」の音が「貧」に通じることを嫌って、縁起の良い「徳」の字を用いたという説がありますが、本当のところは不明です。なお、徳利の語源には諸説があります。『大言海』には「酒の出づる音より名とす」とあり、トクリ、トクリと注ぎ口より酒が出るので徳利と呼ばれるようになったと紹介しています。

当初の徳利は大きいもので、醤油や酢、油、酒などの貯蔵用として使われていました。江戸市中の生活用具として、貯蔵用の徳利や御神酒徳利、油徳利、燗徳利などがたくさん発掘されており、いかに生活の中に根づいていたかがわかります。

文禄・慶長の役以降、唐津焼や有田焼が盛んになって、徳利や猪口などが江戸に送られます。十七世紀前半、江戸の焼き物は肥前の陶磁器がほとんどでした。その後も唐津の陶器や有田の磁器は増え続け、十九世紀前半になって瀬戸焼や美濃焼のものが現れます。

瀬戸焼は、文化四（一八〇七）年、佐賀藩で白磁焼成法や染付磁器の焼成技法を習得して愛知の瀬戸に帰った加藤民吉（一七七二―一八二四年）が、美濃土岐郡に良質の長石を発見し、磁器の焼成を開始してから急激な発展を遂げることになります。そして、瀬戸に続いて近郊の美濃でも磁器を焼成することになるのです。

江戸中期の『貞丈雑記』には、「今徳利と云物を古は錫といひける也むかしはやき物の徳利なし皆錫にて作りたる故すゞと云し也」とあります。酒注ぎのことを以前は「すず」といっていたようです。

『言林』ではすずを「酒壜」、「錫製で、徳利に似た口の細い酒器」としています。酒専用の錫製の器を「すず」と呼び、その後、すずに似た焼き物の徳利が現れたのでしょう。その名残から、会津、仙台、美濃、四国などでは今でも焼き物の徳利のことを「すず」というそうです。

『人倫訓蒙図彙』巻四の「酒屋」の挿絵。酒の運搬・貯蔵用具として焼き物の大徳利が庶民の間に浸透していたことがわかる（1690年。平凡社東洋文庫より）

焼き物の徳利に変わっていった理由は、鉄銚子が染付銚子に変わったことと同じで、金属製の酒器では、酒の味が変わるからではないでしょうか。おいしい酒が大量消費されていた時代です。酒の質を劣化させない焼き物が要求されるのは、当然のことです。

酒の流通が一般的になると、小売りの酒屋から家庭に運ばれる容器として、陶器製の大きな徳利が多く出回りました。

元禄三（一六九〇）年に刊行された『人倫訓蒙《じんりんきんもう》図《ず》彙《い》』には、江戸時代の多種多様な職人の仕事が描かれており、当時の庶民生活の一端がうかがえます。その中に、子供が徳利を持って酒屋に

右：配達に使用された徳利と出前箱。宣伝とスムーズな回収のため，家紋や住所が記されている（佐賀県多久市・大平庵酒蔵資料館蔵）
左：貧乏徳利４種。左から，有田焼，高田焼，大谷焼，丹波焼。地域によって特徴のある形をしており，一升ビンが登場するまで全国で使用された（菊正宗酒造記念館蔵）

お使いにきている風景があります。左上には酒屋の象徴「酒林」が見えます。酒屋の内儀さんは、店先に置かれた甕から杓で酌んで、酒の計り売りをしています。子供は長頸の蕪徳利らしいものを持っています。当時の徳利は運搬したり貯蔵したりする容器でしたから、大きいのです。

『守貞漫稿』はこの徳利のことを次のようにいっています。

「京坂、五合・一升はこのとくりを用ふ。貸陶なり。丹波製なり。色栗皮のごとし」、「江戸、五合あるひは一升に樽とこの陶と並び用ふ。大小あり。号して貧乏徳利と云ふ。その謂を知らず」

このように通いに使う徳利のことを「貧乏徳利」といいます。貧乏徳利の名は、「四斗樽を買うことができず、貸し徳利などで酒を小買いする庶民のこと」をさして付けられたらしいのですが、裏を返せば、そのような庶民でも、おいしい酒を欲しい時、飲みたい時に容易に手に入れることができるようになったということです。

貧乏徳利は地域によって特徴のある形をしています。関西方面では丹波製の黒釉徳利が使われ、東日本では瀬戸焼から波及した美濃焼の瓶子形、九州では有田の磁器製の長頸蕪形のものが流通していました。明治以後には全国に普及し、ガラスの一升瓶に変わる昭和前期まで続きます。

燗つけ徳利の登場

徳利には、船の上で使う舟徳利、芋徳利、蕪徳利、らっきょう徳利、瓢徳利、なす徳利などいろいろな形があります。形が似ていることから野菜の名前の徳利が多いのですが、これらは後で付けられたもののようです。

初期の徳利には自然な形が多いのですが、「細長く頸の締まったもので酒などを貯えるもの」という機能を限定すれば、おのずとできる形です。ただ、「らっきょう徳利」には独自の歴史があります。

　らっきょう形の瓶は、もともと中国でつくられていたものです。『食・花・酒とやきもの』（矢部良明、日経BP社）には、「この形は十二世紀には朝鮮に渡り」、「日本で受け入れられるのは、室町時代前期の十四世紀後半あたりからであろう」とあり、さらに「ラッキョウ徳利は、朝鮮ではおおいに振るった」とあります。

　十四世紀後半といえば、瀬戸では中国渡来の磁器を手本に瓶子などを焼いていましたから、当然らっきょう形の瓶もつくっていたと考えられます。その後、らっきょう徳利は周辺の窯に波及し、丹波焼や備前焼などもつくられます。それが初期の大きならっきょう徳利です。

　朝鮮から来た人たちの働きで焼き物が盛んになった唐津でも、十七世紀に入ってらっきょう徳利が焼かれ、有田でも少し遅れて磁器のらっきょう形が焼かれます。その後、一、二合入りの小さいものがつくられるようになり、今日、燗徳利といえば、らっきょう徳利を思い浮かべるほど人気のある形になっています。

　中国から入ってきたらっきょう形ですが、この形は以前から我々の先祖が潜在意識の中にもっていた、自然な形だったと思うのです。

　縄文・弥生時代の一万年を超える歴史の中で、多様な土器の形が生まれました。それは「まるで近・現代の陶芸家がつくり出した陶磁器の形のほとんどすべてを網羅しているかのよう」といわれています。これらの中には、当然らっきょう形もあります。縄文時代のエネルギーがみなぎる土器の中にも、また、安らぎを覚える弥生式土器の中にも見られます。

膨らんだ胴に細頸とラッパ口のらっきょう形は、容器としての機能と美しさのバランスがとれたものです。自然で無理のない形は、いつの時代でも人の心をとらえます。飾り気のないらっきょう形は、縄文・弥生時代から続いてきた日本人好みの形で、これが現代に脈々と伝わっているように思えるのです。

徳利での燗つけが一般に広く浸透したのは、天保年間（一八三〇－一八四四年）以降といわれています。酒の燗つけは以前からあったのですが、どのような燗つけ方法だったのか、具体的なことはわかりません。燗つけの記述は九世紀に入ってから現れ、そのころの燗つけは、燗鍋を直接火にかける「直燗方式」だったようです。その後、「間接方式」になります。

間接方式とは、鍋などに沸かした湯の中に、酒を満たした焼き物の徳利を浸けて温めるもので、いわゆる「湯煎方式」です。長い間続いてきた直接方式からの脱却。湯煎は、おいしい酒がつくられ、最適な容器が出現した時代に、効率的でおいしく飲むために考案された画期的な酒の飲み方です。

まず、燗をつけた酒をほかの容器に移さないので、手間が省けます。冷えにくく温度調節が容易なので好みの温度のものが飲めます。さらに陶磁器を使うために酒の変質がないというのも利点です。「酒は土器でなければ呑めぬ」といわれた江戸後期には、徳利は燗徳利と呼ばれるようになって容量も

丹波焼のらっきょう徳利（高さ26cm，明治時代。菊正宗酒造記念館蔵）

小さくなり、一、二合入りのものが出回るようになりました。

この時代には鉄銚子も染付銚子に変わり、燗徳利と平行して使われていくのですが、次第に燗徳利が銚子を凌駕していきます。『守貞漫稿』には、燗徳利に移り変わっていく様子が次のように書かれています。

銅壺（どうこ）。右側のやかんで沸かした湯を左側の槽に注ぎ，その中にタンポを入れて湯煎した（菊正宗酒造記念館蔵）

「京坂、今も式正・略および料理屋・娼家ともに必ず銚子を用ひ、燗陶を用ふるは稀なり。江戸、近年、式正にのみ銚子を用ひ、略には燗徳利を用ふ。燗めそのまま宴席に出すを専らとす」

この時代はまだ形式を重んじたため、京都、大坂などでは正式略式問わず銚子を使っていたようですが、江戸では正式な宴席時には銚子を用いて、その後、二次会になるのでしょうか、徳利に変わります。『守貞漫稿』には、「初めの間、銚子を用ひ、一順あるひは三献等の後は専ら徳利を用ふ」と書かれています。一順とは、盃に酒が注がれ、それが座を一巡りすることで、三献とは、三杯飲ませて膳を下げ、これを三回繰り返すしきたりです。ここにも古来からの回し飲みの習慣が残っているようです。

さらに『守貞漫稿』には、「この陶形、近年の製にて、口を大にし、大徳利口より移しやすきに備ふ。銅鉄器を用ひざる故に味美なり。また移さざる

海老の絵が描かれた丹波焼の燗徳利
（高さ20cm。菊正宗酒造記念館蔵）

故に冷へず」ともあり、燗徳利の優位性を説いています。

やがて京坂も燗徳利に変わります。なにより酒がおいしく飲めることが一番ですが、美しい磁器の燗徳利が出現したことも、その要因だったでしょう。

磁器は有田焼の独占状態でしたが、十九世紀初頭には瀬戸焼や美濃焼など各地で焼かれるようになり、江戸に運ばれました。これら磁器の燗徳利は、胴の張ったらっきょう形ではなく、細身のずん胴形で、美しい絵付けが施されたものでした。この形は燗つけ機能の効率化を重視した結果だと思われます。

さまざまなところで燗徳利が使われるようになって、新たな機能が要求され、徳利の形が変化したのでしょう。個人で燗徳利を使う場合、燗つけの効率などは考えませんから、徳利の形は、膨らんでいようが歪んでいようが好き好きです。とにかく自分の気に入った徳利と盃で飲むのが一番幸せなことですから。

ところが、大勢で催す宴会などの場合は違ってきます。宴会の進行状況に合わせた酒の提供が望まれ、そのためには燗つけの効率化が要求されるのです。細身になった燗徳利は、宴会などの酒席では能力を発揮します。湯を沸かした器の中に隙間なく、一度に多くの燗徳利を入れることができるからです。

酒の飲み方が変わってきた時に、その飲み方に追従するのが、徳利の使命です。大きくなったり小さくなったり、膨れたり細くなったりします。今日、吟醸酒という過去に見られない酒が出てきました。燗をつけるもよし、冷やで飲むもよし、また、燗をつけるにも、湯煎のみならず、電子レンジなどがあります。従来の燗つけだけでなく、さまざまな機能が要求されます。これからどのような徳利が生まれてくるのか楽しみです。

酒を盛る器「盃」

土器の杯

酒を飲むためには、酒を注ぐ容器と盛る器が必要です。徳利と盃には密接な関係があります。

　陶器の徳利や盃は、手で触れた時の感触が楽しみの一つです。しかし、盃は唇にも触れます。唇は神経の過敏なところですから、触れて不愉快な気分になるようではいけません。適正な材質が求められる理由はここにあります。また、視覚的に楽しい造形が求められるのは徳利と同じです。

　『言林』によると、坏《つき》は「昔、飲食物を盛るに用いた椀形の器」とあり、したがって酒を盛る専用の器が「酒《さか》坏《つき》」です。現在は「盃」の字を当てています。

　注ぐ器としての徳利と盛る器としての盃は、それぞれに歴史があります。徳利が酒の品質と飲まれ方に対応し、変化してきたことはすでに述べましたが、盃は、その歴史とどう関わってきたのでしょうか。

　酒がわが国にいつ生まれたのか、そ

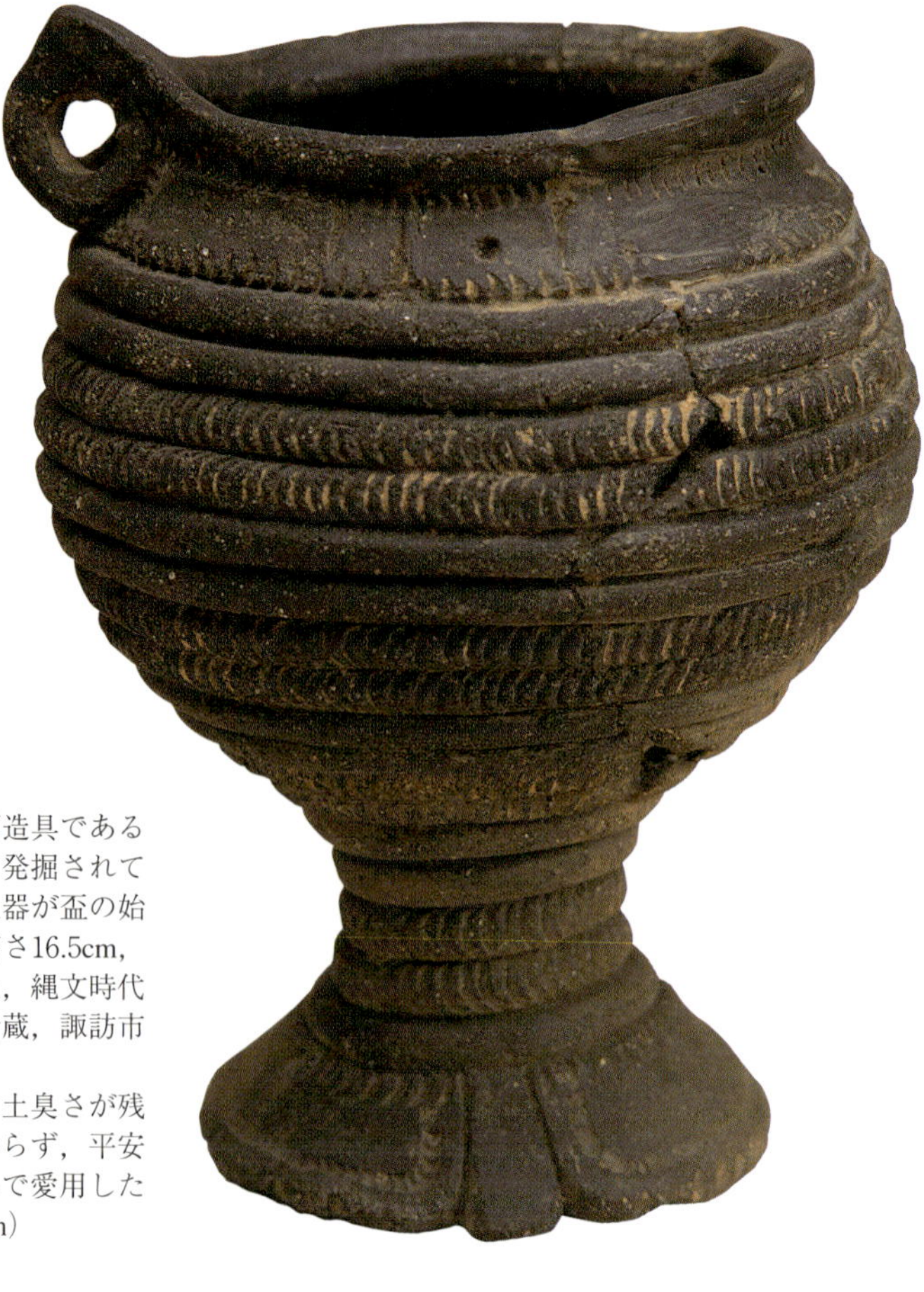

右：カップ形の土器。酒造具である有孔鍔付土器とともに発掘されており，この種の縄文土器が盃の始まりと考えられる（高さ16.5cm，長野県・新道遺跡出土，縄文時代中期。藤森みち子氏所蔵，諏訪市博物館寄託）

左：壊れやすい上，酒に土臭さが残ってしまうにもかかわらず，平安・鎌倉期の貴族が好んで愛用したかわらけの盃（径10cm）

の酒をどのような器で飲んだのか、定かではありません。しかし、漿果酒を醸したと思われる有孔鍔付土器と土器のカップが縄文時代の遺跡で発掘されていることから、土器のカップが酒を盛る器「盃」の始まりといえそうです。縄文人が使った坏が「カップ形」だったというのは、漿果酒のイメージとぴったりです。日本人はこのようなバランス感覚を縄文の昔からもち合わせていたようです。

弥生時代には、米の酒が存在したと考えられています。それを裏付けるかのごとく、酒を入れるのに適した美しい形の長頸壺形土器と、それに合わせたような高杯形土器が多くつくられています。高杯形土器は祭祀具的要素が強い器で、祭祀の後の直会《なおらい》での回し飲みにも適していたようです。

『原色陶器大辞典』には、『古事記』の「須勢理毘売命《すせりひめのみこと》が大御酒坏を挙げて歌った記事をもって盃の初見とする」とあり、杯の形は、もうこの時代には完成していたと考えられます。五世紀ごろには大陸渡来の堅牢な焼き物である須恵器が焼かれますが、軟質の土師器も用途に合わせて発展していきます。

須恵器は貯蔵用の容器として壺や甕が、土師器は調理用として椀や杯が多くつくられ、かわらけとして愛されていくのです。

貴族好み「かわらけ」

古墳時代の土師器は、神饌具として今日まで生き続けていますが、とくに土師器を愛したのは平安時代の貴族です。『紫式部日記』には、酒宴の場でかわらけの盃を使ったことが書かれていますし、鎌倉時代に描かれた絵巻物には、かわらけの盃を使った酒宴の場面が多く描かれています。

土器は水が漏れやすく、脆いものです。さらに、土臭さが残るという欠点もあります。それにもかかわらず、なぜ土師器が愛されたのか不思議な気がします。しかし、綺麗な釉薬で仕上げた陶磁器の盃で濁り酒を飲んでみると、納得できます。飲んだ後の盃に残った粒々がみっともなく、当時の習慣だった回し飲みには不向きだからです。それを和らげてくれたのが土器の盃だったのです。

もちろん、それだけの理由ではないでしょう。酒は人と神とのつながりのために飲まれることが多い時代だったので、土器の土臭さに神聖さを感じていたのかもしれません。

平安時代の酒は壺仕込みで、非常に甘く濃厚な味で、アルコール度が低くて白く濁った酒です。それには大きな盃・かわらけが似合っていたのかもしれません。

右：黒織部沓形茶碗（高さ 8 cm，桃山時代。神戸市立博物館蔵）
左：古伊万里のそば猪口（左）と盃（森大亮氏所蔵，菊正宗酒造記念館提供）

かわらけの盃の形は、昔から杯形か椀形と決まっていたようで、この形が頑なに守られてきました。その後、鎌倉時代には漆塗りの盃が盛んになっていくのですが、相変わらずかわらけの形を模したものでした。酒をありがたくいただく時代にあっては、神饌具である高杯を祖にした形からの脱却は、恐れ多いことだったのかもしれません。

この形が変わっていくのは、酒が大量につくられ、酒が人と人とのつながりのため、つまり親睦のために飲まれるようになってからです。

陶磁器の盃

二段仕込みの「天野酒」が幕を閉じて、三段仕込みの酒「諸白」が広く浸透していった桃山時代は、焼き物の概念が大きく変化した時代でした。この時代になって、盃にも自由な発想の、さまざまな楽しい形が生まれます。

盃は、酒を盛るための基本的な機能を有し、飲みやすければ、形はある程度自由です。しかし、感触の良さが要求されるので、昔から適切な素材が開発されると、形はそのままで新しい素材の盃がつくられてきました。

しかし、桃山時代に入り、陶器の盃が脚光を浴びると、形が変化します。そのきっかけをつくったのが、茶道の精神と茶事の会席料理です。可塑《かそ》性に富んだ粘土は桃山期の気風に合ったのでしょう。堰を切ったように斬新な焼き物が生まれます。その代表が織部の器です。

織部焼は茶人・古田《ふるた》織部正《おりべのかみ》重然《しげなり》（一五四四－一六一五年）の好みを入れた陶芸であるといわれ、桃山時代に始まりました。織部の器は、茶道の精神を下地として生まれた自由闊達な創作で、それまでの機能を重んじた常識的な造

形から離れたものです。生活空間を一変させたこれらの器は、四百年の時を経た現在でも高い評価を得ています。

器は基本的に、要求される機能から形が生まれ、使いやすいことが重要なポイントです。しかし、織部の器はこれを無視しています。基本的な機能は満たしてはいるものの、決して使いやすいものではなく、「ヒズミタル、ヒヨウゲタル」器にもかかわらず、造形的に優れた器です。

器を表現する際、よく「機能美」という言葉が使われます。優れた機能をもつものに美しさが備わるといった意味です。織部は、器の機能性と非機能性の間に精神的な遊びが込められており、造形的な幅をもたせた上に、器を使う楽しみまでも膨らませたものなのです。

唐津焼の酒器も現れます。飾り気のない温かみのある作風は、酒飲みの開

放的な心をとらえました。

　それまでは、酒注ぎ器には鉄銚子、盛る器に塗盃を使っていたのですが、先に見たように、江戸中期には「盃は猪口と変じ」、「酒は土器でなければ呑めぬなどといひ」（『寛天見聞記』）ということになり、以降は焼き物の盃が一般的になりました。

　猪口について『言林』には、「陶磁器で、形小さく上開き下すぼみの酒杯」とあります。また、「初めは膳部に用いて和醬・塩辛などを盛ったものを猪口といったらしく、小酒盃を猪口というようになったのはその後のことのようである」と『原色陶器大辞典』にあり、寛文年間（一六六一―一六七三年）の『後撰夷曲集』にある「チョク」が初見といわれています。江戸中期に盃として使われた猪口は、膳部に

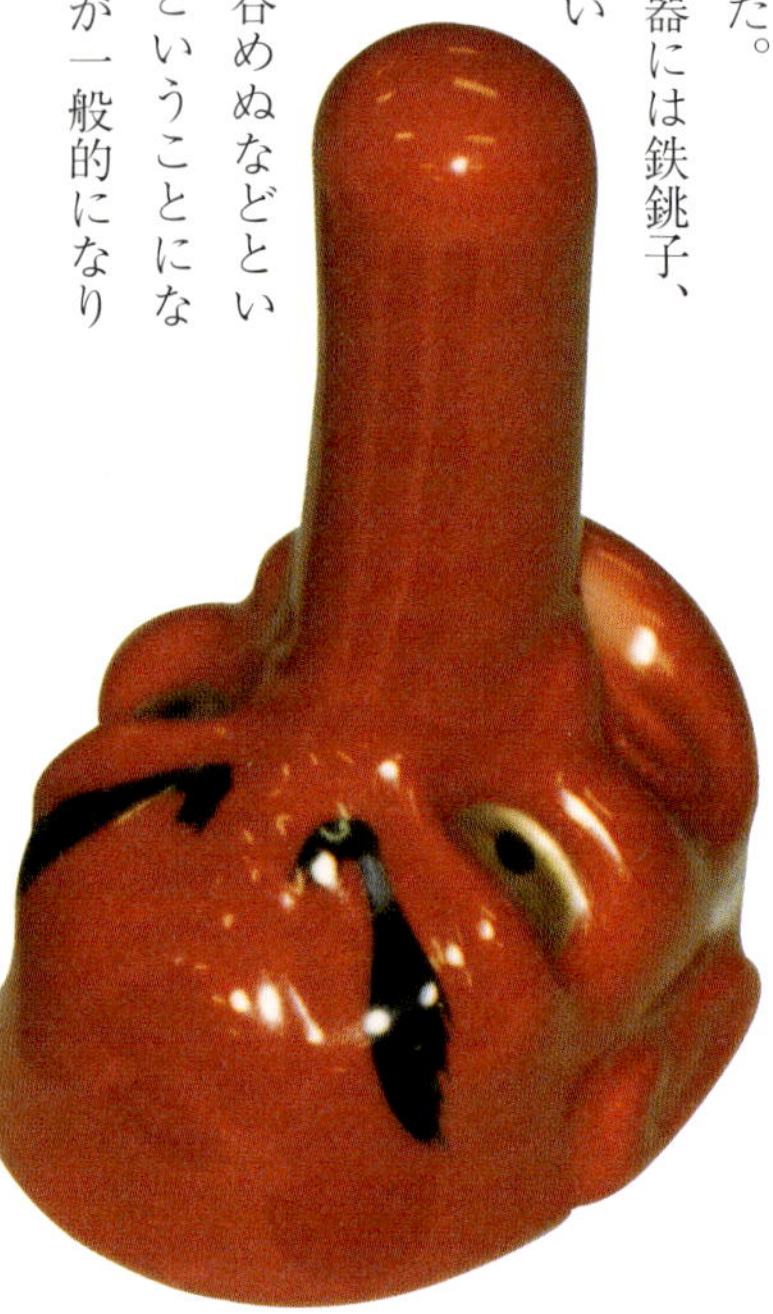

用いたものが小さくなって、酒専用になったと考えられます。

　猪口は有田（伊万里焼）で始まったようです。文禄・慶長の役で渡来した朝鮮陶工によって興った佐賀の唐津、肥前の伊万里は、彼らが故郷で身につけた製陶技術をもとに、多種類の器を生み出しました。その中にチョンク（朝鮮語で「小さな深い器」の総称）があり、その発音に近いことと、猪の口の形に似ていることから「猪口」の字を当てたのでしょう。この時代、伊万里焼ではたくさんの猪口がつくられました。

　十七世紀後半の江戸市中の遺跡から伊万里焼の飲食具が出ており、その中には猪口、小椀、徳利もあります。この発掘品の時代から推定すると、伊万里焼が始まって早い時期に江戸に運ばれたことがわかります。

楽しい盃

盃は口に直接当てるという使われ方から、個人的かつ閉鎖的であるともいえます。そのため後世に伝わりにくく、徳利のように系統だった伝わり方は希少です。今も残る盃の中から、酒を愛する遊び心が溢れた盃を紹介します。

酒好きの考えそうな楽しい盃が可《べく》盃《さかずき》です。この盃は、呑み助と自認する者にとっては嬉しい、しかし、下戸にとっては誠に迷惑な盃なのです。

可盃について古語辞典には、「書簡文などで『可』の字は漢文と同じく『可参候』などといつも上にかいて下にかかないことから、小さくつくった底に小さい穴があいており指で穴をおさえて飲み、飲み干さないと下に置けない杯」とあります。

可盃いろいろ（菊正宗酒造記念館蔵）

元和九（一六二三）年の『醒睡笑《せいすいしょう》』（安楽庵策伝）には、「客に対し可盃をいだせり」とありますので、この盃は江戸初期から使われていたのです。出す方も茶目っ気があって楽しく、出されたお客さんも驚いた振りをしながらたくさん飲んだりして、和気あいあいとした様子が想像されます。

可盃のような楽しい発想は、人の心が豊かで、酒の付き合いも人間的で温かい時代であったからこそ生まれたものでしょう。現代のように酒の付き合いもままにならない車社会、個人主義の浸透した中では、このような遊び心は生まれにくいのではないでしょうか。私は、このような盃を使った酒宴の復活を願っている一人です。それにしても、この盃ほど酒宴を盛り上げ楽しませ、下戸を嘆かせた盃はないでしょう。

まだら唐津片口酒盃は、伝統ある形

を受け継いだ、盃としては珍しい例です。片口は縄文のころから見られる形で、十一世紀には片口のすり鉢が盛んにつくられました。酒や醤油などを注ぎ分ける器として長い間使われてきた馴染みのある器です。それを酒の盃にとり入れているのは、機能的で美しいということもありますが、伝統ある形

右上：伝統的な形を受け継ぐ片口酒盃（高さ4 cm）

右下：織部釉馬上盃。馬上でもしっかりと握れるよう，非常に高い高台をもつ（高さ8.5cm）

上：青木木米作「赤絵詩文入煎茶碗」。5客揃いの茶碗で，胴に詩文を書き連ねている（高さ5 cm，1824年。東京国立博物館蔵）

が郷愁を呼び起こすからかもしれません。楽しい遊び心が伝わってきます。

馬上盃は、その名のとおり、馬上で酒を飲むための盃として中国でつくられたもので、握りやすいように高台が著しく高くなっています。造形的な面白さから、それを模して日本でもつくられましたが、馬上で使う習慣はなかったようです。織部の馬上盃には美しいものが多くあります。焼き物の概念を変えた斬新な絵付けと形は、まさにモダンアートで、馬上盃といえば織部の作品を思い浮かべるほどです。

文人調盃の代表は、なんといっても青木木米《もくべい》（一七六七―一八三三年）のものです。写真の「赤絵詩文入煎茶碗」は、もともと茶器としてつくられたものですが、盃としても利用できます。表面を詩文で飾るという、過去に類のない文人好みの器です。

注ぐ器の徳利が、酒の質や酒の飲み方の変化に対応して変化していった一方、盃は長い酒の歴史の中でも形を変えることはほとんどありませんでした。それが変わってきたのは、酒が大量に生産されるようになり、酒を飲むことが楽しみに変わってからのことです。

江戸初期に焼き物の徳利や染付の銚子がつくられるようになって、陶磁器の盃も手がけられます。このころから塗物の盃と陶磁器の盃が使い分けられるようになり、徐々に陶磁器が主流になっていきました。茶の湯の精神である「侘び、寂」といった美意識が新しい価値観を生み、浸透していったことが、大きなエネルギーになったのです。そして、可塑性に富んだ粘土で表現する自由さ、素朴さが新しい価値観に合い、堰を切ったように斬新な盃が生まれたのです。

現代の酒と器

精米技術の発達

室町時代末期ごろに開発された「諸白」は、精白した白米を三段仕込みで醸造するものでした。今日の日本酒づくりの原型ともいうべきこの技術が、その後、大きな変化もなく大正のころまで続きます。これほど長い間同じ醸造方法が続いたのは、精米作業に画期的な改善が見つからなかったからです。

米の表層部には多くのタンパク質や脂肪が含まれ、これらの成分が酒の色や香味を劣化させる原因となるため、精製により原料米のタンパク質や脂肪分の含有率を下げるのです。

上質な酒を量産するためのポイントが精米方法にあることは、早くから知られていました。始めは、臼に入れた米を杵で搗く手作業でした。その後、足踏み式になり効率は上がったのですが、人力に頼る作業には限界があります。江戸時代後期になると画期的な方法が考え出され、作業性を向上させます。それが水力を利用した水車精米です。

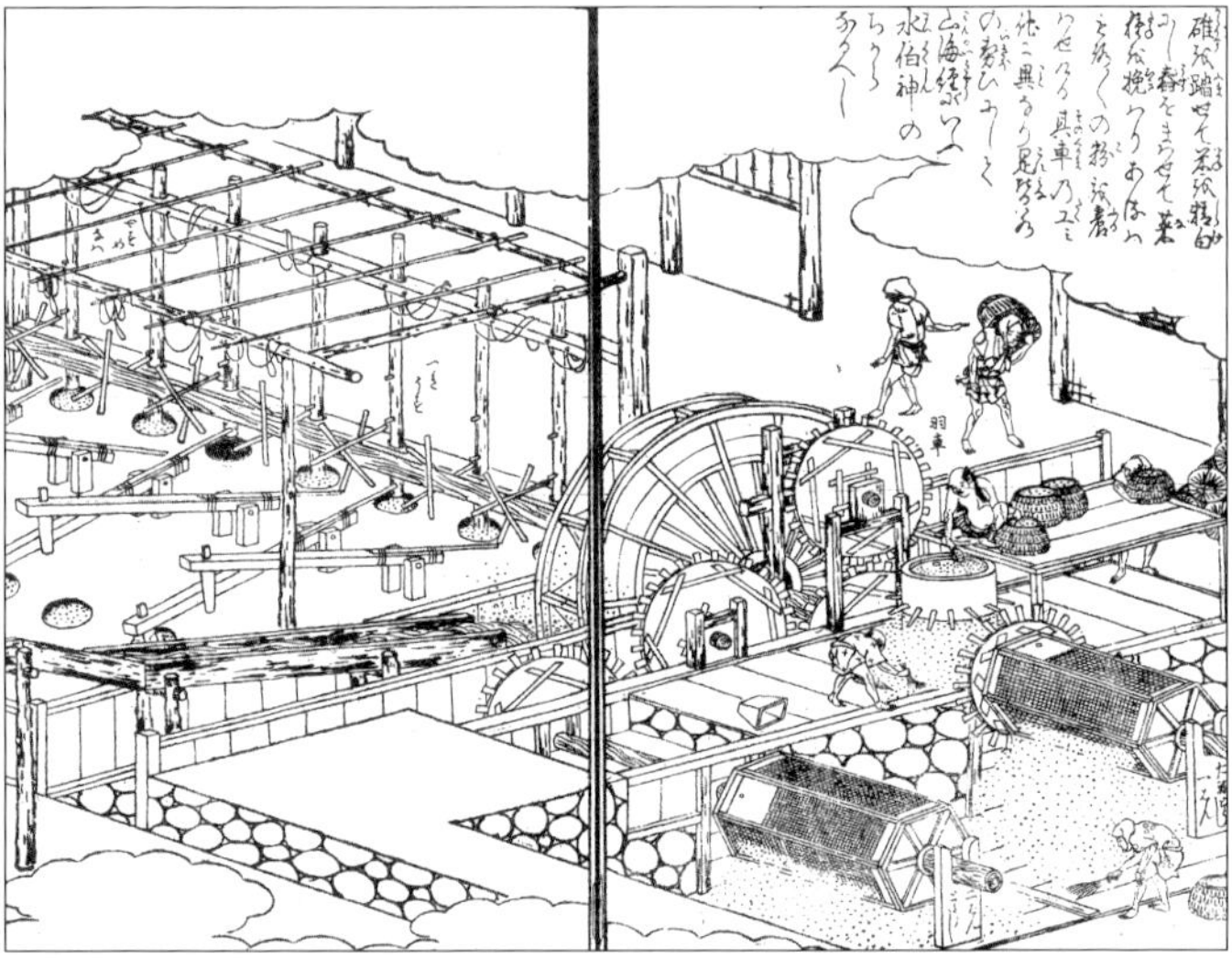

『拾遺都名所図会』巻之四「玉川の水車」。『都名所図会』の後編として1787年に刊行されたもの。本文は俳諧師・秋里籬島，図版は絵師・竹原春朝斎による（国立国会図書館蔵）

秋山裕一著『日本酒』には、「江戸時代にもすでに山邑家は、三日三晩水車で搗いた米でつくった酒で好評を博し、家業は大いに伸長した」とあり、また江戸時代の本に「品質を上げるのは米を白くするにかぎる」と書かれているものがあるそうです。

江戸時代後期、諸白の先進地であった伏見の酒に代わって灘の酒が人気を博し、その人気は今日まで続いています。理由は、水が良いとか原料米が良いなどがありますが、なんといっても、水車精米を導入し、足踏み式に比べ比較にならないほど均一で精米度合いの高い白米を使っていたからなのです。それと合わせ、三段仕込みの酒を大量に生産することを可能にした仕込み用の大桶をつくる良質な杉があったことも見逃せません。

その後、水車精米は各地に広がっていきますが、それでも精米歩合は九〇％止まりでした。

明治時代に入って電動式の大型横型精米機が開発されたものの、その能力は水車精米式と変わらない程度でした。

醸造界の停滞を打破するかのごとく、明治時代末ごろに「全国清酒品評会」が始められます。これが各地の酒造メーカーのやる気を誘い、良酒づくりを競うことになるのです。

「摂津国伊舟酒造之図」。樽や桶を使った酒づくりの様子が描かれている（安藤徳兵衛筆『大日本物産図会』，1877年。早稲田大学図書館蔵）

そして昭和初期に現れたのが、竪型精米機です。これにより驚異的な高精米歩合が可能になり、「吟醸酒」が誕生したのです。

『日本酒』には、吟醸酒の「吟醸」という言葉は、「大正六年、広島県の人、桐原花村氏の著書『天下の芳醇』に、『上酒吟醸の秘訣は……』と書かれているから、これよりもう少し前から業界では使われていたものと思われる」とあります。また、「昭和一〇年ごろの醸造試験所でのコンクール出品酒についての調査によると、精米歩合は六〇％より進んで、五〇％、四〇％といったもの（今日の状態と同じ）まで現われた」ということで、早くから吟醸酒はできあがっていたのです。

しかし、これらの吟醸酒のほと

鉄の表面に釉薬を焼き付けてつくられたホーロータンク（勝屋酒造提供）

んどはコンクール用に開発された酒でした。この贅沢な酒が市場に出回るには、ほかにもいくつかの条件が整うことが必要だったのです。

仕込み容器の変化

大正時代末、仕込み容器に変化が表れます。室町時代末ごろより使われてきた杉桶に代わって、大容量のホーロー製タンクが登場しました。

過去の酒づくりの変遷が示すように、酒造技術の向上と仕込み容器の関係は、切っても切れないものです。一段仕込みの酒と須恵器の甕、二段仕込みの酒と常滑や丹波、備前などの陶器の甕、そして三段仕込みの酒と杉桶というように、酒づくりの変革期には新しい仕込み容器が出現し、容量増大のニーズにも応えてきたのです。

しかし、杉桶にも欠点はありました。それは、木から溶け出して渋みのもととなるタンニン、木の色、匂いなどです。樽酒などといって杉の香を愛でた時期もありましたが、酒の質に影響を与えることは明らかでした。また、桶の洗浄不足などによる残滓も悪影響を与えます。それを除去するための手入れには大きな労力が必要です。これらは吟醸酒づくりの障害になっていました。そこに現れたのが、ホーロー製大型タンクです。

大正十二（一九二三）年ごろに登場したホーロータンクは、鉄製のタンクに、陶器に使われるものと同じ性質の釉薬を焼き付けたものです。表面を釉薬で皮膜しているので、杉桶の欠点を完全にカバーしています。

戦時下の酒

順調に伸びてきた日本酒製造ですが、

昭和前期、危機に瀕します。戦争が酒造界にも影響し、原料不足による生産量の低下を招いたのです。

そのような中、酒造量確保のために考えられた酒がありました。それが「合成酒」、「アル添酒」（アルコール添加酒）、「三増酒」（三倍増醸酒）です。これらは、社会的な事情を背景に開発された酒ですので、日本酒づくりの本流から離れています。しかし、この技術は、今日の酒づくりの中にも活かされ、安価で安定した酒をつくることができているのです。

「合成酒」は米を使わない酒で、アルコールに糖、アミノ酸類を混ぜ合わせてつくる、清酒の味に似せた酒です。大正七年につくられ始め、戦時中の昭和十七（一九四二）年には七万二〇〇〇キロリットルと生産量を伸ばしましたが、戦後、経済の成長に伴って減少していきます。

昭和十八年、戦時下の統制強化策として酒は配給制度になりました。配給制度自体は敗戦後の昭和二十四年に終わったものの、酒不足は解消されず、そのころにつくり出されたのが「アル添酒」でした。アル添酒は日本酒にアルコールと水を加え増量させるもので、加える量は、当時の日本酒の等級に従って定められており、一級、二級、三級の順に多くなっていきます。

合成酒、アル添酒に続いて考えられたのが三倍増醸酒、略して「三増酒」です。その製造法は発酵末期のもろみにアルコール、ブドウ糖、水飴などを混和したものを加え、数日後にしぼるというものです。このような方法でつくると、通常の三倍の酒が得られることから三倍増醸酒と名付けられたもので、本来の清酒に近い造りの酒です。

酒造原料米は食糧不足を補いましたが、その影響を受けて清酒生産は縮小を余儀なくされました。その清酒不足を補ったのが、以上の酒でした。これらの酒は、過去から積み上げられてきた日本酒づくりの技術に裏付けられてできあがったのは確かですが、日本人が追い求めてきた酒の概念からは少しそれています。

酒づくりの歴史から考えると、新しい酒が現れた場合、新しい酒の器が生まれるはずです。特殊な事情で生まれたこれらの酒を飲む器は、どうだったのでしょうか。

社会情勢と焼物事情

戦時中の状況を佐賀県有田を例に見ると、生活用食器については生産統制が加わり、各窯元は軍需品の生産に追われていました。色絵の壺や花瓶、皿などの作品づくりは、技術保存の必要から指定された数人だけが許されている状況で、明治時代に始まった「有田陶器市」も、品物がないために、昭和十五年から中止されました。

このような事情もあって、有田に近い北部九州でさえ、陶器屋のことを「せともの屋」と呼んでいました。そのくらい愛知県瀬戸の焼き物が地方をも席巻し、「せともの」は焼き物の代名詞にさえなっていたのです。昭和十二年の全国に占める陶磁器生産額の割合（生産額比率）は、佐賀県の三・五％に対して愛知県は四四・九％とケタ違いの生産量でした（永竹威『肥前やきもの読本』金華堂書店）。

しかし、戦時中の特殊な事情は、いずれの窯業地においても同じだったでしょうから、当然、斬新な食器が生まれてくるはずもなく、

焼締の急須形酒器（高さ８ cm）と線刻文猪口（高さ4.5cm）

日の丸などの時代を反映した図柄が酒器に描かれたりしていました。閉ざされた美意識の時代では、デザインもそうならざるを得ないのでしょう。

この激動の時代に姿を消していったのが、流通用の器・貧乏徳利です。

明治時代の末ごろに登場したガラス製の酒瓶は、その後改良が加えられて現在の一升瓶形となり、流通用の容器として市場に参入します。昭和二十二年ごろには、酒のほとんどが瓶入りで取引されるようになっており、祝儀などに使われる樽がわずかに残る程度でした。地方の窯の主力製品の一つだった貧乏徳利が消えていったのです。

焼き物ブームが訪れたのは、神武景気（昭和三十年から三十二

年）に始まる高度成長期に入ったころからです。

近代工業化されてゆく社会は、生活をも画一化の方向に向かわせます。アメリカ的な生活に憧れ、今までに経験したことのない斬新なデザインの電化製品や、大量生産された生活用品に囲まれます。しかし、これらの品々は、生活の画一化と没個性を余儀なくしました。やがて人々は、個性化をはかり、精神の安らぎを求めるようになるのです。このころ、工芸品の見直し運動が始まります。

十九世紀中ごろ、近代産業の先進国であるイギリスでウィリアム・モリス（一八三四―一八九六年）が「アーツ・アンド・クラフツ」運動を提唱しました。運動の根本は機械生産品の美的価値を疑問視したところにあります。この

焼締縞文鉄絵の瓜形注口付き酒器（高さ８ cm）とぐいのみ（高さ4.5cm）

運動は多くの国々に波及していきますが、この波が日本にも押し寄せました。

江戸時代から続く職人的工芸品の衰退を憂う日本独自の運動の兆しは戦前からありましたが、運動が本格化したのは、経済が成長し、安定した生活が営めるようになったころです。

焼き物類もその対象となり、手づくりの良さが見直されました。日用雑器として使われていたものの中に美的価値を見出し、慈しむようになり、精神的なゆとりが求められるようになったのです。その結果、到来したのが焼き物ブームでした。

この焼き物ブームによって地方の窯元が息を吹き返します。村の共同窯として細々と続いていたもの、または休止に追い込まれてい

緋襷（ひだすき）の平瓶形酒注ぎ（高さ9.5cm）と杯（高さ3.2cm）

た窯が復活しました。需要に追いつかず、個人で窯を築き、それぞれが窯元になっていきます。新興窯も各地に現れ、多くの窯元が林立する時代を迎えます。

窯元は増えていったものの、旧来の伝統工芸を擁護する思想が浸透していましたから、つくられる作品は従来の形から抜け切らなかったようです。酒器については燗徳利に盃、猪口、ぐい呑みといった具合で、江戸時代から続く伝統的な形を継承したものが多く見られました。

経済が成長し、酒の消費量も大幅に伸びていきましたが、まだ燗酒が主流の時代でしたので、酒器のイメージに変化が起きなかったのでしょう。

しかし、昭和四十八年に防腐剤の添加が中止され、以後、無添加の酒となって、冷やでも安心して飲めるようになりました。そして、昭和五十年ごろ、辛口端麗が登場します。これが、冷やがおいしい吟醸酒のはしりです。

究極の酒・吟醸酒

高度な精米歩合を可能にした竪型精米機と、酒の質に影響を与えないホーロータンク。これにより、吟醸酒の製造は可能になりました。そして、私たちの暮らしにも、それを受け入れられるだけの余裕が生まれました。

酒の原料は、われわれが主食としている米です。吟醸酒は、その米を六〇％も五〇％も精米し、芯だけを使っての酒づくりですから、贅沢な酒です。貧しい時代では、このような贅沢な酒への反発が強く、吟醸酒づくりは中断せざるを得ませんでした。しかし、社会環境が整い生活が安定したことで、贅沢な酒を受け入れる環境が整い、吟醸酒は甦ったのです。

平成二（一九九〇）年、精米歩合五〇％以下を大吟醸酒、六〇％以下を吟醸酒とするなど、吟醸酒の定義が定められました。現在、まろやかでフルーティな香味と辛口、そして端麗な酒が市場に出回っています。

米と米麹を使った酒づくりの始まりが、稲作文化が定着した弥生時代であったとすると、今日までの約二千年間という、とてつもなく長い時間をかけて日本酒は進化してきました。

日本の風土が生んだ日本酒をこよなく愛し、よりおいしい酒を飲みたいという願望が、味の探究という無限のテーマに向かわせたのでしょう。

平安の貴族が飲んだ一段仕込みから、多段仕込みの基礎となった鎌倉時代の二段仕込みの僧坊酒、室町時代末期の今日と同じ仕込みの酒「諸白」、そして日本酒づくりの長い歴史の行き着いた先が、米を極限まで精米し、芯だけを使った、研ぎ澄まされた究極の酒「吟醸酒」だったのです。

吟醸酒を飲む器

酒器といえば、注ぐ器と盛る器、つまり今日でいう燗徳利と盃を思い浮かべます。

徳利での燗つけが一般的となり、一、二合入りの燗徳利が広く使われるようになったのは、江戸時代の末ごろでした。諸白づくりの酒をおいしく飲むための器として焼き物の燗徳利が定着し、燗をつけて飲むことや家庭での晩酌の習慣が広まり、全国の窯で多くの燗徳利や盃がつくられてきました。その後、燗徳利一辺倒の酒器づくりがごく最近まで続いていました。

燗徳利の形は、一、二合入りのらっきょう徳利を基本として、引き伸ばされて細くなったり、膨らまされて蕪形

銀彩酒注ぎ（高さ9.5cm）と高脚杯（高さ６ cm）

緋襷の片口（高さ5.5cm）と盃（高さ４ cm）

になったり、瓢箪形になったりという変化がある程度でした。燗をつけて飲むことを前提としている燗徳利は、袋形にならざるを得ません。ところが今日、冷や酒で飲む酒「吟醸酒」が登場しました。

冷やして飲む、このような飲み方の酒が今までにあったでしょうか。平安時代、貴族が夏の暑い日に氷室から取り寄せた氷を浮かべて飲んだ濁り酒がありました。しかし、暑気払いを目的に冷やすのと、おいしく飲むために冷やすのとでは意味が違います。酒の特徴を失わないための「冷や」です。

吟醸酒の登場により、注ぐ器づくりにも変化が現れてきました。最近よく見かけるようになった器の中に、「片口」の冷酒器があります。これは燗をつける機能から解放された器です。片口は縄文の時代からつくられており、大型の容器から小さな容器に注ぎ分ける役目を負う器です。燗つけが不要になった吟醸酒を注ぐ器として適しています。

片口の酒器は秋口が似合います。暑さの残る宵の口に、冷蔵庫で冷やした吟醸酒と片口、大きめの盃を取り出して、月の見える縁側に出ます。冷えた片口に、同じく冷えた吟醸酒のボトルからなみなみと注ぎ分けると、たちまち片口の中に月が浮かびます。月の浮かんだ片口から注がれる酒と、それを受ける盃、なんとも豪快な月酒です。吟醸酒はボトルのまま冷蔵庫に入れて、五度から一〇度くらいに冷やして飲むとおいしいといわれています。

燗をつけるという制約が取り除かれると、形に自由度が増します。すでに消えてしまった古い時代の酒器を再現して楽しんだり、全く新しい形の酒器が生まれてきたりする時代を迎えたのです。

酒の器考

日常生活の場において、飲酒の機会は多いものです。それは個人的な晩酌であったり、親しい人を招いて飲むものであったり、送別会や歓迎会、祝儀や不祝儀など、公的な宴会であったりします。

この時に使われる酒の器が「注ぐ器」と「盛る器」ですが、この関係は古代からずっと続いてきたものであることは、これまで述べてきたとおりです。目的や内容によって多様な器が生まれ、その場に合った酒器が使われてきました。

例えば、神社での祈願祭や結婚式では御神酒をいただきますが、その時に使われる注ぐ器は土師器の瓶子か白磁の瓶子、または長柄銚子、そして盛る器はかわらけです。これらは神聖さや

銀彩ナス形酒注ぎ（高さ7.5cm）

藁灰釉の横徳利（高さ8.5cm）と高脚杯（高さ7.5cm）

厳粛さを演出する器です。燗徳利に猪口ではその雰囲気は出せませんが、一方、式の後の直会や祝宴などの開放的な場にはピッタリ合います。このように、酒器はその場その場で使い分けられています。

同じ器でも、鉢や皿などの食器とは、その使われ方が根本的に異なっています。鉢や皿は、料理を盛ってこそ映えるといわれます。料理との調和が尊ばれ、器の個性を発揮しながら料理と一体化するのです。そして料理を美しく見せたり、おいしそうに見せたり、お互いを引き立たせることが大切です。料理人は皿を選び、絵を描くように料理を盛りつけます。この場合、皿はキャンバスの役目を果たします。一方、酒を入れるだけが役目の徳利は、酒によって飾られることもなく存在感を示さなくてはなりません。

焼き物の食器は、料理の種類が増え

るのに合わせて分化し、多くの種類の食器が出てきましたが、酒器は、独特な変化を遂げてきました。酒の品質向上や飲酒文化の形成と密接に関わり、酒造用の器から流通用の器、飲酒用の器まで、多くの酒器が登場し、消えていきました。

とくに注ぐ器は酒の質に大きく影響を受けて変化してきました。古墳時代の𤭯や提瓶、奈良時代の平瓶、鎌倉時代の長柄銚子や提子、江戸時代の鉄銚子や焼き物の銚子、そして今日に続く燗徳利です。

神に捧げる神聖な飲み物として発達していった経緯から、現在でも酒を飲む行為には精神性を伴うようです。

神前や儀式で使われる神聖な酒器は固定され、今日までの長い間、同じ形が引き継がれています。

一方、個人的に使われる酒器は、自由な形の美しい器がつくられています。その基盤を築いたのは、茶道の「侘び、寂」の精神が生んだ織部の焼き物です。用をもって尊しとする器の概念を超え、今日のような楽しい酒器をつくってきたのです。

社会の要求に応えて、その時代にあった器が創り出されます。中でも、個人的に使われる燗徳利は、大きさや燗をつけるといった機能優先の制約の中にあっても創作の自由度は高く、その分製作に創意工夫を込める楽しみがあります。今日のように個性を重視する社会では、織部の精神「用を超える器の概念」をもってすれば、新しい酒器が生まれてくるのではないでしょうか。

新しい酒が現れた時に新しい酒器が生まれる、ということは歴史が教えてくれています。フルーティな香味で研ぎ澄まされた味、冷やがおいしい酒・吟醸酒。この酒はどんな酒器を生むのでしょうか。

今後、酒器も食器と同じような使われ方をされるようになるかもしれません。たとえば――。

袋状から開放されて、自由に広がった形の酒器が登場し、料理を盛った器と同じテーブルに出されます。酒をまんまんと湛えた酒器が料理をも引き立て、開放的な酒席に香気を漂わせ独特の雰囲気をつくり上げるのです。さらに、酒器に盛られた酒には、花びらが浮かべられ酒自体も飾られます。

そのような光景が思い浮かんできます。

日本酒を楽しむために

日本酒は米を原料にしてつくられた酒ですが、日本酒と一口にいっても、醸造所によって味は千差万別です。ましてや、同じ酒でも冷やか温燗か、熱燗にするかで、味も雰囲気も変わってきます。酒の種類と飲み方の組み合わせで、味は無限に広がってくるのです。

一般的に地元の酒が好まれるのは、やはり住んでいる場所の気候風土が育てた酒がいちばん体に合うということなのでしょう。それを象徴するかのように、多くの銘柄の地酒がつくられています。これらの酒をおいしく飲むために、ちょっとした演出をしてみてはいかがでしょうか。演出といっても堅苦しいものではなく、季節感をとり入れたり、それに合わせて使う器を考えたりするだけのことです。

四季のはっきりした国に住む私たちは、それぞれの季節を楽しむ術を心得ていました。昔は酒の飲み方についても、重陽の節句から翌年の桃の節句までの寒い期間は燗をつけ、暖かくなると燗をやめるなど、季節をとり込んでいました。さらに「火別れ」といって、燗つけとの別れを惜しむ特別な日を設けるなど、なんとも細やかな感性をもっていました。

今日、食べ物の旬が見えにくくなり、また、暑さや寒さも空調で調節できるようになって、季節感が薄らいできました。

しかし、冷やで飲めるおいしい酒が登場し、それまで燗徳利一辺倒であった注ぐ器に、お茶入れ用の湯冷ましや片口鉢などが流用できるようになったことなど、より細かに季節をとり込むための環境は以前より整っているといえます。

また、食べ物の旬にしても、意識してみればまだまだ健在です。旬の野菜や魚を調理して、その料理に合った器に盛ることで、お互いがさらに引き立て合います。食材と器と酒の種類（冷や、温燗、熱燗）の組み合わせを考えるならば、季節を演出する方法はいくらでもあるといえます。

季節感が失われつつある時代だからこそ、季節をとり込む努力が必要なのかもしれません。その努力が感性を豊かにし、生活にいろどりを与えてくれるのです。

日本の風土が生み育てた米の酒、そして二千年もの長きにわたるその歴史、酒の進化とともに登場してきた酒器の歴史を感じながら、それぞれの季節の中で日本酒を味わうというのはいかがでしょうか。

主な参考文献

小泉武夫『日本酒ルネッサンス――民族の酒の浪漫を求めて』中公新書、一九九二年
加藤百一『日本の酒5000年』技報堂出版、一九八七年
秋山裕一『日本酒』岩波新書、一九九四年
吉田元『江戸の酒――その技術・経済・文化』朝日選書、一九九七年
山本祥一朗『美酒の条件』時事通信社、一九九二年
『日本の酒』読売新聞社、一九七五年
小林達雄編『古代史復元3　縄文人の道具』講談社、一九八八年
渡辺誠『よみがえる縄文人――悠久の時をこえて』学習研究社、一九九六年
菱田哲郎『歴史発掘10　須恵器の系譜』講談社、一九九六年
石井克己・梅沢重昭『日本の古代遺跡を掘る4　黒井峯遺跡・日本のポンペイ』読売新聞社、一九九四年
森田悌『長屋王の謎――北宮木簡は語る』河出書房新社、一九九四年
五味文彦『中世のことばと絵――絵巻は訴える』中公新書、一九九〇年
矢部良明『日本陶磁の一万二千年――渡来の技　独創の美』平凡社、一九九四年
矢部良明著、日経アート編集部編『食・花・酒とやきもの――日本人が育てた用の美』日経BP社、一九九七年
内藤匡『古陶磁の科学』雄山閣出版、一九八六年
黒田領治・小松正衛編『徳利と盃』光芸出版、一九七二年
『日本のやきもの3　唐津』淡交社、一九八六年
田中作太郎・中川千咲『日本の美術27　陶芸』小学館、一九七一年
藤岡了一『日本の美術29　色絵磁器』小学館、一九七三年
杉原荘介・神澤勇一・工楽善通『日本の美術44　弥生式土器』小学館、一九七五年
芹沢長介『陶磁大系1　縄文』平凡社、一九七五年
小野晃嗣『日本産業発達史の研究』（叢書・歴史学研究）、法政大学出版局、一九八一年

あとがき

酒蔵という独特な雰囲気の中で酒器展を開催させていただく機会を得たことから、酒と酒器の発達について興味を抱きました。それまでは、ただなんとなく日本酒を嗜んでいただけでしたから、日本酒についてはもちろんのこと、酒器の歴史についても詳しい知識はありませんでした。ところが、酒器展をきっかけにその歴史をひもといていく中で、視界が開け、新しい世界が見えてきました。

多くの日本酒関係の文献にあたり、実際に酒をつくっている酒蔵を見学するうちに、それぞれの時代の人々の日本酒、味覚に対する探求心には、執念さえ感じました。米と米麹を原料に、仕込みの反応によって味をつくり上げる業は、二千年以上の長きにわたって引き継がれ、今日に至っているのです。

また、それぞれの時代を留めている遺跡で発掘された土器からは、古代の生活の息吹がうかがえ、感動しました。とくに、福岡市埋蔵文化財センターを訪ね、板付遺跡から発掘された、弥生時代の調理器具である甕形土器の底に穿たれた孔を見た時の感動は、今でも忘れることができません。この甑で米を蒸して酒を仕込んだのかと想像すると、鳥肌の立つ思いでした。蒸し器で始まった日本酒は、日本民族がつくり上げた、世界に冠たる酒であると強く確信した瞬間でした。

長い間、それぞれの時代に酒の変革期があり、酒と酒器が密接に呼応し合い飲酒文化を花開かせてきました。歴史を受け継ぎつつも、飽くなき味覚への挑戦が続けられ、今日の研ぎ澄まされた酒「吟醸酒」に辿り着きました。醸造の進歩によって新しい酒ができれば、飲酒の習慣が変わり、新しい酒器が登場します。将来、さらに開発は進むことでしょう。日本の文化と気候が育ててきた民族の酒「日本酒」の発展を、心から願ってやみません。

いつか焼き物について書いてみたいと夢のようなことを考えていましたが、酒蔵の雰囲気に触発され、『酒と器のはなし』にまとまりました。

本書の執筆にあたり、貴重な写真をご提供いただき、酒蔵見学をさせてくださいました勝屋酒造合名会社社長・山本博次様、和子様ご夫妻に心よりお礼申し上げます。また、心強い後押しとご支援をいただきました前田成一様、志津子様ご夫妻、上野朱様に心よりお礼申し上げます。

そして、念願の希望を叶えてくださいました海鳥社社長・西俊明様、乏しい原稿を頑張って編集してくださった杉本雅子様、煩雑な手続きを必要とする美術品の写真、考古学発掘品の写真を手配してくださいました田島卓様にも心よりお礼申し上げます。また、福岡市埋蔵文化財センター資料室の担当者の方々にもお世話になりました。厚くお礼申し上げます。

最後に、この本を手に取ってくださった読者の皆様にも、心より感謝申し上げます。

平成十七年十月

佐藤伸雄

佐藤伸雄（さとう・のぶお）
昭和15(1940)年，北九州市八幡東区生まれ。独学で焼き物を修業。平成4(1992)年，会社を辞し，窯づくりから始め，作陶に励む。北九州市のデパートや画廊にて度々個展を開催。現在は福岡県福津市にて八許窯を主宰。

酒と器のはなし
■
2005年11月15日　第1刷発行
■
著者　佐藤伸雄
発行者　西　俊明
発行所　有限会社海鳥社
〒810-0074　福岡市中央区大手門3丁目6番13号
電話092(771)0132　FAX092(771)2546
印刷・製本　大村印刷株式会社
ISBN 4-87415-549-9
http://www.kaichosha-f.co.jp
[定価は表紙カバーに表示]